水利水电工程施工技术全书

第五卷 施工导（截）流与度汛工程

第三册

截流

李友华 周厚贵 等 编著

·北京·

内 容 提 要

本书是《水利水电工程施工技术全书》第五卷《施工导（截）流与度汛工程》中的第三分册。本书系统阐述了河道截流的施工技术与方法。主要内容包括：综述、截流设计、截流施工、截流水力学原型观测、工程实例等。

本书可作为水利水电工程施工领域的工程技术人员、工程管理人员和高级技术工人的工具书，也可供从事水利水电工程科研、设计、建设及运行管理和相关企事业单位的工程技术人员、工程管理人员使用，还可作为大专院校水利水电工程专业师生的教学参考书。

图书在版编目（CIP）数据

截流 / 李友华等编著. -- 北京 : 中国水利水电出版社, 2021.11

（水利水电工程施工技术全书. 第五卷, 施工导（截）流与度汛工程 ; 第三册）

ISBN 978-7-5226-0239-4

Ⅰ. ①截… Ⅱ. ①李… Ⅲ. ①防洪工程－截流 Ⅳ. ①TV87

中国版本图书馆CIP数据核字(2021)第245924号

书　　名	水利水电工程施工技术全书 **第五卷　施工导（截）流与度汛工程** **第三册　截流** JIELIU
作　　者	李友华　周厚贵　等 编著
出版发行	中国水利水电出版社 （北京市海淀区玉渊潭南路1号D座　100038） 网址：www.waterpub.com.cn E-mail：sales@waterpub.com.cn 电话：（010）68367658（营销中心）
经　　售	北京科水图书销售中心（零售） 电话：（010）88383994、63202643、68545874 全国各地新华书店和相关出版物销售网点
排　　版	中国水利水电出版社微机排版中心
印　　刷	清淞永业（天津）印刷有限公司
规　　格	184mm×260mm　16开本　9.25印张　219千字
版　　次	2021年11月第1版　2021年11月第1次印刷
印　　数	0001—2000册
定　　价	**55.00**元

《水利水电工程施工技术全书》
编审委员会

《水利水电工程施工技术全书》
各卷主（组）编单位和主编（审）人员

卷序	卷名	组编单位	主编单位	主编人	主审人
第一卷	地基与基础工程	中国电力建设集团（股份）有限公司	中国电力建设集团（股份）有限公司 中国水电基础局有限公司 中国葛洲坝集团基础工程有限公司	宗敦峰 肖恩尚 焦家训	谭靖夷 夏可风
第二卷	土石方工程	中国人民武装警察部队水电指挥部	中国人民武装警察部队水电指挥部 中国水利水电第十四工程局有限公司 中国水利水电第五工程局有限公司	梅锦煜 和孙文 吴高见	马洪琪 梅锦煜
第三卷	混凝土工程	中国电力建设集团（股份）有限公司	中国水利水电第四工程局有限公司 中国葛洲坝集团有限公司 中国水利水电第八工程局有限公司	席　浩 戴志清 涂怀健	张超然 周厚贵
第四卷	金属结构制作与机电安装工程	中国能源建设集团（股份）有限公司	中国葛洲坝集团有限公司 中国电力建设集团（股份）有限公司 中国葛洲坝集团机电建设有限公司	江小兵 付元初 张　晔	付元初 杨浩忠
第五卷	施工导（截）流与度汛工程	中国能源建设集团（股份）有限公司	中国能源建设集团(股份)有限公司 中国葛洲坝集团有限公司 中国水利水电第八工程局有限公司	周厚贵 郭光文 涂怀健	郑守仁

《水利水电工程施工技术全书》
第五卷《施工导（截）流与度汛工程》
编委会

《水利水电工程施工技术全书》
第五卷《施工导（截）流与度汛工程》
第三册《截流》
编写人员名单

主　　编：李友华　周厚贵

审　　稿：郑守仁

编写人员：李友华　覃春安　黄家权　黄　巍　王伟玲
林　伟　路佳欣　宋倩倩　张新宇　程雷梓
张俊霞　张　欣

序　一

水利水电工程建设在我国作为一项基础建设事业，已经走过了近百年的历程，这是一条不平凡而又伟大的创业之路。

新中国成立66年来，党和国家领导一直高度重视水利水电工程建设，水电在我国已经成为了一种不可替代的清洁能源。我国已经成为世界上水电装机容量第一位的大国，水利水电工程建设不论是规模还是技术水平，都处于国际领先或先进水平，这是几代水利水电工程建设者长期艰苦奋斗所创造出来的。

改革开放以来，特别是进入21世纪以后，我国的水利水电工程建设又进入了一个前所未有的高速发展时期。到2014年，我国水电总装机容量突破3亿kW，占全国电力装机容量的23%。发电量也历史性地突破31万亿kW·h。水电作为我国当前重要的可再生能源，为我国能源电力结构调整、温室气体减排和气候环境改善做出了重大贡献。

我国水利水电工程建设在新技术、新工艺、新材料、新设备等方面都取得了突破性的进展，无论是技术、工艺，还是在材料、设备等方面，都取得了令人瞩目的成就，它不仅推动了技术创新市场的活跃和发展，也推动了水利水电工程建设的前进步伐。

为了对当今水利水电工程施工技术进展进行科学的总结，及时形成我国水利水电工程施工技术的自主知识产权和满足水利水电建设事业的工作需要，全国水利水电施工技术信息网组织编撰了《水利水电工程施工技术全书》。该全书编撰历时5年，在编撰过程中组织了一大批长期工作在工程建设一线的中青年技术负责人和技术骨干执笔，并得到了有关领导、知名专家的悉心指导和审定，遵循“简明、实用、求新”的编撰原则，立足于满足广大水利水电工程技术人员的实际工作需要，并注重参考和指导价值。该全书内容涵盖了水利水电工程建设地基与基础工程、土石方工程、混凝土工程、金属结构制作与机电安装工程、施工导（截）流与度汛工程等内容的目标任务、原理方法及工程实例，既有理论阐述，又有实例介绍，重点突出，图文并茂，针对性及可操作性强，对今后的水利水电工程建设施工具有重要指导作用。

《水利水电工程施工技术全书》是对水利水电施工技术实践的总结和理论提炼，是一套具有权威性、实用性的大型工具书，为水利水电工程施工“四新”技术成果的推广、应用、继承、创新提供了一个有效载体。为大力推动水利水电技术进步和创新，推进中国水利水电事业又好又快地发展，具有十分重要的现实意义和深远的科技意义。

水利水电工程是人类文明进步的共同成果，是现代社会发展对保障水资源供给和可再生能源供应的基本需求，水利水电工程施工技术在近代水利水电工程建设中起到了重要的推动作用。人类应对全球气候变化的共识之一是低碳减排，尽可能多地利用绿色能源就成为重要选择，太阳能、风能及水能等成为首选，其中水能蕴藏丰富、可再生性、技术成熟、调度灵活等特点成为最优的绿色能源。随着水利水电工程建设与管理技术的不断发展，水利水电工程，特别是一些高坝大库能有效利用自然条件、降低开发运行成本、提高水库综合效能，高坝大库的（高度、库容）记录不断被刷新。特别是随着三峡、拉西瓦、小湾、溪洛渡、锦屏、向家坝等一批大型、特大型水利水电工程相继建成并投入运行，标志着我国水利水电工程技术已跨入世界领先行列。

近年来，我国水利水电工程施工企业积极实施走出去战略，海外市场开拓业绩突出。目前，我国水利水电工程施工企业在亚洲、非洲、南美洲多个国家承建了上百个水利水电工程项目，如尼罗河上的苏丹麦洛维水电站、号称“东南亚三峡工程”的马来西亚巴贡水电站、巨型碾压混凝土坝泰国科隆泰丹水利工程、位居非洲第一水利枢纽工程的埃塞俄比亚泰克泽水电站等，“中国水电”的品牌价值已被全球业内所认可。

《水利水电工程施工技术全书》对我国水利水电施工技术进行了全面阐述。特别是在众多国内外大型水利水电工程成功建设后，我国水利水电工程施工人员创造出一大批新技术、新工法、新经验，对这些内容及时总结并公开出版，与全体水利水电工作者分享，这不仅能促进我国水利水电行业的快速发展，提高水利水电工程施工质量，保障施工安全，规范水利水电施工行业发展，而且有助于我国水利水电行业走进更多国际市场，展示我国水利水电行业的国际形象和实力，提高我国水利水电行业在国际上的影响力。

该全书的出版不仅能提高水利水电工程施工的技术水平，而且有助于提高我国水利水电行业在国内、国际上的影响力，我在此向广大水利水电工程建设者、工程技术人员、勘测设计人员和在校的水利水电专业师生推荐此书。

孙洪水

2015年4月8日

序　二

《水利水电工程施工技术全书》作为我国水利水电工程技术综合性大型工具书之一，与广大读者见面了！

这是一套非常好的工具书，它也是在《水利水电工程施工手册》基础上的传承、修订和创新。集中介绍了进入21世纪以来我国在水利水电施工领域从施工地基与基础工程、土石方工程、混凝土工程、金属结构制作与机电安装工程、施工导（截）流与度汛工程等方面采用的各类创新技术，如信息化技术的运用：在施工过程模拟仿真技术、混凝土温控防裂技术与工艺智能化等关键技术中，应用了数字信息技术、施工仿真技术和云计算技术，实现工程施工全过程实时监控，使现代信息技术与传统筑坝施工技术相结合，提高了混凝土施工质量，简化了施工工艺，降低了施工成本，达到了混凝土坝快速施工的目的；再如碾压混凝土技术在国内大规模运用：节省了水泥，降低了能耗，简化了施工工艺，降低了工程造价和成本；还有，在科研、勘察设计和施工一体化方面，数字化设计研究面向设计施工一体化的三维施工总布置、水工结构、钢筋配置、金属结构设计技术，推广复杂结构三维技施设计技术和前期项目三维枢纽设计技术，形成建筑工程信息模型的协同设计能力，推进建筑工程三维数字化设计移交标准工程化应用，也有了长足的进步。因此，在当前形势下，编撰出一部新的水利水电施工技术大型工具书非常必要和及时。

随着水利水电工程施工技术的不断推进，必然会给水利水电施工带来新的发展机遇。同时，也会出现更多值得研究的新课题，相信这些都将对水利水电工程建设事业起到积极的促进作用。该全书是当今反映水利水电工程施工技术最全、最新的系列图书，体现了当前水利水电最先进的施工技术，其中多项工程实例都创造了水利水电工程的世界纪录。该全书总结的施工技术具有先进性、前瞻性，可读性强。该全书的编者们都是参加过我国大型水利水电工程的建设者，有着非常丰富的各专业施工经验。他们以高度的社会责任感和使命感、饱满的工作热情和扎实的工作作风，大力发展和创新水电科学技术，为推进我国水利水电事业又好又快地发展，做出了新的贡献！

近年来，我国水利水电工程建设快速发展，各类施工技术日臻成熟，相继建成了三峡、龙滩、水布垭等具有代表性的水电工程，又有拉西瓦、小湾、溪洛渡、锦屏、糯扎渡、向家坝等一批大型、特大型水电工程，在施工过程中总结和积累了大量新的施工技术，尤其是混凝土温控防裂的施工方法在三峡水利枢纽工程的成功应用，高寒地区高拱坝冬季施工综合技术在拉西瓦等多座水电站工程中的应用……其中的多项施工技术获得过国家发明专利，达到了国际领先水平，为今后水利水电工程施工提供了参考与借鉴。

目前，我国水利水电工程施工技术已经走在了世界的前列，该全书的出版，是对我国水利水电工程建设领域的一大贡献，为后续在水利水电开发，例如金沙江上游、长江上游、通天河、黄河上游的水电开发、南水北调西线工程等建设提供借鉴。该全书可作为工具书，为广大工程建设者们提供一个完整的水利水电工程施工理论体系及工程实例，对今后水利水电工程建设具有指导、传承和促进发展的显著作用。

《水利水电工程施工技术全书》的编撰、出版是一项浩繁辛苦的工作，也是一个具有创造性的劳动过程，凝聚了几百位编、审人员近5年的辛勤劳动，克服各种困难。值此该全书出版之际，谨向所有为该全书的编撰给予关心、支持以及为此付出了辛勤劳动的领导、专家和同志们表示衷心的感谢！

马洪琪

2015年4月18日

前 言

由全国水利水电施工技术信息网组织编写的《水利水电工程施工技术全书》第五卷《施工导（截）流与度汛工程》共分为五册，《截流》为第三册，由中国葛洲坝集团有限公司编写。

截流是水利水电工程建设中的一个重要的里程碑项目，它是利用戗堤等截流建筑物将河道水流截断而引导河水从上游通过已建的导流泄水建筑物或预留通道宣泄至下游。截流戗堤一般是围堰堰体的一部分，截流是修建围堰的先决条件，也是围堰施工的第一道工序。围堰完成后，在围堰的保护下形成施工基坑，即可进行水工建筑物干地施工。因此，截流在水利水电工程中是一个标志性项目，也是影响整个工程施工进度的一个控制项目。

本书依托长江葛洲坝、长江三峡、金沙江溪洛渡、雅砻江锦屏一级、大渡河瀑布沟、雅砻江桐子林等水电站工程，对截流设计及施工技术进行了研究与实践，总结了截流设计及施工技术经验，展示了近年来我国在截流设计及施工技术等方面的新成果、新思路、新方法和新措施，为安全、高效截流提供了丰富的设计及施工技术经验。

本书共分为五章。主要从截流综述、设计、施工、观测等四个方面进行了较详细的技术研究及应用阐述，最后还收编了长江葛洲坝、长江三峡大江及导流明渠、金沙江溪洛渡、雅砻江锦屏一级、大渡河瀑布沟等水电站工程截流设计及施工实例。

在本书的编写过程中，得到了相关各方的大力支持和密切配合。在此向关心、支持、帮助本书出版的领导、专家及工作人员表示衷心的感谢！

由于水平有限，不足之处在所难免，热切期望广大读者提出宝贵意见和建议。

作者

2019年6月

目　录

1 综　述

1.1 截流概述

在水利水电工程施工导流中，截流是指截断原河床水流，把河水引向导流泄水建筑物下泄，从而能够在河床中围成干地全面开展主体建筑物的施工。截流工程包括进占、龙口范围的加固、合龙和闭气等工作。为截堵河流，向水流中抛投物料，即填筑戗堤。填筑戗堤使其向前推进即为进占。戗堤进占到戗堤底部临近对接的河道泄流口门即形成龙口。为防止龙口河床和戗堤端部被冲刷或毁坏，需要对龙口范围进行防冲加固。戗堤继续进占直到闭合龙口，最终拦断水流的过程即实现合龙。合龙后在戗堤迎水面采取防渗措施封堵渗流通道称为闭气。

截流戗堤一般是围堰堰体的一部分，截流是修建围堰的先决条件，也是围堰施工的第一道工序。如果截流不能按时完成，将制约围堰施工，直接影响围堰度汛的安全，并将延误永久建筑物的施工工期；如果截流失败，失去了枯水期的良好截流时机，将拖延工程施工工期；对通航河道，截流失败还可能造成断航的严重后果。截流工程是整个水利枢纽施工的关键，它的成败直接影响工程进度。一旦失败，就可能使进度推迟一年。

截流工程的难易程度取决于河道流量、泄水条件、龙口的落差、流速、地形地质条件、材料供应情况、施工方法、施工设备、施工组织等因素。因此，应当事先进行充分的分析研究，采取适当措施，才能保证在截流施工中争取主动，顺利实现截流目标。

1.2 截流的主要内容

截流设计及施工研究的主要内容包括：

（1）截流时段及截流流量的选择。研究分析坝址水文资料，导流泄水建筑物施工进度及具备过水的时间，截流后围堰的施工工期及安全度汛与总工期的要求，优选截流时段；根据《水利水电工程施工组织设计规范》（SL 303—2004），并通过对坝址实测水文资料分析和理论频率计算成果确定截流设计流量。

（2）分流建筑物设计。内容包括：分流建筑物型式的比选，选定的分流建筑物布置及结构设计，分流建筑物水力学计算及水工模型试验研究，分流建筑物泄洪消能防冲设计，分流建筑物工程量、施工规划及设计概算。

（3）截流方案的比选。内容包括：各截流方案截流戗堤布置及龙口位置选择；截流水力学计算及水工模型试验研究，戗堤非龙口段进占程序及抛投材料；戗堤龙口段进占程序及抛投材料；各截流方案施工规划及设计概算；各截流方案的主要技术经济指标，主要优缺点的分析比较及综合评价。

（4）选定的截流方案设计。内容包括：截流戗堤布置及结构设计；截流龙口护底结构设计及水工模型试验研究；截流戗堤非龙口段进占水力学计算及水工模型试验研究，非龙口段抛投材料设计；戗堤龙口段进占水力学计算及水工模型试验研究，截流水文观测项目及要求。

（5）截流施工。截流施工总布置包括截流块石料场、截流备料堆场、截流交通道路布置；截流戗堤施工包括戗堤进占施工道路、两岸非龙口段进占抛投、龙口护底施工、龙口合龙进占抛投、截流施工设备选型及配置、截流施工管理、气象水文预报及水文观测、截流施工控制性进度及安全、质量控制等。

1.3 截流的进展与趋势

在施工实践中，常用的截流方法有：戗堤截流法和无戗堤截流法。其中戗堤截流法最为常用，该方法又可分为平堵、立堵和混合截流三类。在众多的截流施工中，立堵截流因其施工简便灵活、便于机械化作业、可连续高强度施工、截流费用较低等优点，逐渐成为河道截流的主要方式。

1.3.1 截流技术发展历程

1. 早期平堵为主的截流

20世纪40年代以前，国外水利水电工程截流大多采用平堵法截流，栈桥多使用桥墩式。河道截流最大流量达2200m^3/s，最大落差3m左右，抛石强度2000m^3/d。截流材料大多使用块石及石渣料，有的工程开始使用铁框块石四面体、块石石笼、混凝土六面体等。1948年，美国在科罗拉多河戴维斯水电站截流施工中采用26t自卸汽车立堵进占，抛投大块石合龙成功。此后，立堵法截流发展较快，苏联1950—1956年水利水电工程建设中有11个项目进行截流，其中采用平堵法8项，立堵法仅2项，水力冲填法截流1项；而1957—1969年，水利水电工程建设中有36个项目进行截流，其中采用平堵法7项，立堵法28项（占77.7%），水力冲填法截流1项。罗马尼亚与南斯拉夫两国合建的多瑙河铁门水电站于1969年截流，实测截流流量3390m^3/s，最大落差3.72m，龙口最大流速7.15m/s，采用先立堵后栈桥平堵的方法截流。龙口宽60m，合龙进占历时3.5d，抛投12t混凝土块体1288块、25t混凝土块体312块、25t混凝土四脚体110块、6～20t大块石2400块、20～30t特大块石1491块。

2. 20世纪70—80年代的立堵截流

20世纪70年代以来，随着大型土石方施工机械（30～77t大型自卸汽车、4～9.6m^3挖掘机、310～575kW推土机等）的发展，大流量河道截流发展很快，双戗堤截流、宽戗堤截流、三戗堤截流等截流方法的成功运用，使截流流量突破10000m^3/s，落差超过8m。巴西与巴拉圭两国合建的巴拉那河伊泰普水电站于1978年截流，实测截流流量8100 m^3/s，落差3m，采用上下游围堰两条戗堤同时进占的四戗堤立堵截流方式。龙口宽160m、水深40m，合龙历时168h，创造日最大抛投强度11万 m^3 的纪录。阿根廷与巴拉圭两国合建的巴拉那河亚西雷塔水电站于1989年截流，实测截流流量8400m³/s，落差2.3m，采用下游戗堤平堵分担水头，上游戗堤立堵合龙的双戗堤截流方式。

立堵截流是我国水利水电工程的传统方法。我国修建的一些大型水利水电工程截流大多采用立堵法截流。1958年黄河三门峡工程截流，实测截流流量2030m³/s，最大落差2.97m，最大流速6.87m/s，采用立堵截流方法，龙口宽56m，水深15.5m，龙口合龙历时133h，日最高抛投强度7000m³，抛投最大块体为10t混凝土四面体80块，3～5t大块石694块。1980年广西红水河大化水电站截流，实测截流流量1390m³/s，最大落差2.33m，采用上、下游戗堤同时进占的双戗堤立堵截流方式，合龙历时24h，抛投最大块体为10～15t混凝土四面体。1987年广西红水河岩滩水电站截流，实测截流流量1160 m³/s，最大落差2.7m，龙口流速3.5m，采用立堵截流方法，龙口宽37m，合龙历时9h。1989年福建省闽江水口水电站截流，实测截流流量1133m³/s，落差0.95m，龙口流速3.3m/s，采用立堵截流方法，龙口宽82m，合龙历时15h，日最高抛投强度达33700m³。

1981年1月长江葛洲坝工程截流是我国首次在长江上截流，截流设计流量7300～5200m³/s，落差2.83～3.06m，龙口宽度220m，水深10～12m，合龙抛投量22.8万m³。长江葛洲坝工程大江截流流量大，且二江分流导渠及泄水闸底板比龙口河床高7m，截流难度较大，其截流规模和主要技术指标在当时国内江河截流中前所未有，在国外水利水电工程截流中亦属罕见。设计人员通过大量水工模型试验研究和分析计算，采用上游单戗堤立堵截流方法，下游戗堤尾随进占，不分担落差，并采取多项降低截流难度的技术措施，确保了大江截流的顺利实施。实际合龙时龙口宽度203m，水深10.7m，实测截流流量4800～4400m³/s，最大落差3.23m，最大流速7m/s，合龙历时36h，创造两岸进占日抛投量72000m³的国内最高抛投强度，龙口抛投25t混凝土四面体及四面体串（3～4块一串，总重75～100t）、3～5t大块石及大块石串（3～4块一串，总重10～20t）。在大江截流龙口合龙过程中，拦石坎护底发挥了重要作用。大江截流龙口范围内河床覆盖层较薄，护底主要目的不是为了保护覆盖层而是为了增加河床糙度，提高龙口合龙进占抛投体的稳定性。黄河三门峡工程截流时，在龙口的下游侧设置钢管拦石栅，以阻拦龙口合龙过程中堤头进占抛投体的流失，取得较好的效果。鉴于葛洲坝工程大江截流龙口较宽，如采用拦石栅，工程量较大，施工困难，同时在两岸非龙口段戗堤进占前施工拦石栅，对长江航运有影响。为此，设计人员通过分析计算和水工模型试验验证，选用重型（30t）钢架石笼和混凝土块体（17t重五面体）组成的拦石坎护底，采用4m³铲扬式挖石船挖斗改装吊车直接吊放和210m³翻斗式抛石船抛投。长江葛洲坝工程大江截流实践证明，钢架石笼和混凝土块体拦石坎对提高抛投块体稳定性，减少流失量的效果显著，可供类似的大型截流工程借鉴。长江葛洲坝工程大江截流成功，标志着我国截流技术达到世界先进水平。

3. 20世纪90年代的三峡工程大江截流

1997年11月长江三峡工程大江截流是我国第二次在长江上截流。三峡工程坝址位于葛洲坝水库内，截流最大水深达60m，居世界首位。截流设计流量19400～14000m³/s，落差1.24～0.80m。截流施工与长江航运关系密切，合龙时机尽可能顾及导流明渠通航水流条件，不允许造成长江航运中断。三峡工程大江截流河床地形地质条件复杂，花岗岩质河床上部为全强风化层，其上覆盖有砂卵石、残积块球体、淤积层，葛洲坝水库新淤沙在深槽处厚 5～10m，深槽左侧呈陡峭岩壁，这都对戗堤进占的安全十分不利。通过大量水工模型试验研究和多种方案的分析对比，采用上游戗堤立堵截流方案，龙口宽度 130m。并预先对龙口河床平抛石渣块石料及砂砾石料垫底，减小龙口水深，防止合龙过程中戗堤坍塌，减少合龙抛投工程量，降低合龙抛投强度。实测截流流量 11600～8480m^3/s，居世界截流工程之冠。

在三峡工程大江截流设计和实施中，将水力计算、水工模型试验、水文预报和原型水文观测工作紧密结合，互为补充，保证了截流方案的合理性和可靠性，并有效地指导截流施工，正确地选择截流龙口合龙时段，科学地建立施工组织和指挥系统，精细地制订施工技术方案，精心组织施工，创造了截流戗堤日抛投强度 19.4 万 m^3 的世界纪录，安全、优质、高效地实现截流龙口合龙。三峡工程大江截流的设计和施工，在许多方面的研究成果达到了国际领先水平：大江深水截流堤头坍塌机理研究，拓展了截流水力学领域，采取平抛垫底措施，有效地缓解了深水截流难度，截流实践证明防止堤头坍塌效果良好；大江截流为实施平抛垫底方案，研究解决了石渣、块石及砂砾石料在深水动水中抛投到位成型及漂移特性等问题，所取得的成果，丰富和完善了施工水力学内容；为解决截流施工期间的通航问题，运用通航水力学及船模试验研究明渠和截流戗堤口门的通航水流条件。通过对截流施工程序的优化，提出了满足设计通航要求的最佳施工方案，保证了大江截流期间长江航运的正常畅通。三峡工程大江截流成功，表明我国截流技术已达到国际先进水平，其中深水动水平抛垫底、堤头坍塌机理研究以及截流过程中确保航运通畅等主要试验研究成果已达到国际领先水平。三峡工程大江截流施工在许多方面反映了当今世界上截流施工的最高水平。

4. 21 世纪的三峡工程导流明渠截流

2002 年 11 月 6 日三峡工程导流明渠截流是我国第三次在长江上截流，导流明渠截流采用上下游双戗立堵进占方式（上游戗堤以右岸为主，左岸为辅，下游戗堤从右岸单向进占），具有施工工期紧、合龙工程量大、抛投块体尺寸大、双戗进占配合要求高、进占抛投受水文条件影响突出、截流前准备工作（垫底加糙等）实施受通航条件限制等显著施工特性。

初步设计阶段，根据三峡工程总进度安排，确定于 2002 年 12 月初实施导流明渠截流，截流流量标准为 12 月上旬 5%频率的最大日平均流量 9010m^3/s；采用单戗立堵截流，截流最终落差 3.25m，龙口最大流速 6m/s 左右，截流难度与葛洲坝工程相当。鉴于三期碾压混凝土围堰施工强度高和工期的紧迫性，经建设人员、设计人员、科研人员等共同开展专题研究，决定将导流明渠截流提前至 2002 年 11 月中旬，相应截流流量为 12200 m^3/s（11 月中旬多年最大日平均流量），其截流总落差达 5.77m，即使采用上下游双戗堤立堵截流方案，截流难度也很大。截流模型试验表明，当截流流量降至 10000m^3/s 左右时（相当于 11 月下旬 20%频率的最大日平均流量），截流总落差可降至 4m 左右，故招标设计及实施阶段拟定截流流量为 10300m^3/s，相应截流最终落差 4.06m，推荐上下游双戗堤进占立堵截流方案。按上游戗堤承担 2/3 落差，下游戗堤承担 1/3 落差控制上下游口门进占宽度。模型试验龙口最大垂线平均流速为：上戗 6.58m/s，下戗 5.55m/s；最大单宽能量（单位功率）为：上戗 150.5(t·m)/(s·m)，下戗为 70.19(t·m)/(s·m)。与国内外同类截流工程相比，导流明渠截流各项水力学指标均较高，最大单宽能量高于国内外已实施的截流工程，是当今世界截流综合难度最大的截流工程。为降低截流难度，采取的主要技术措施有：在截流龙口部位设置加糙拦石坎；采用特大块石串、混凝土四面体串及在混凝土四面体中埋废铁块，以提高截流块体稳定性；积极采用新技术，加强信息跟踪，动态决策。实际截流流量为 10300～8600m^3/s，上戗承担最大落差 1.73m，下戗承担最大落差 1.12m。

进入 21 世纪以来，以长江三峡三期导流明渠、大渡河瀑布沟、深溪沟等为代表的截流工程，进一步表现出了更高的单项或综合截流难度。在科技创新的有力推动下，这些关键技术难题都得到了成功的攻克和解决；截流时机的选择范围进一步拓宽，加大了工程进度的可控性。综上可知，在世界大江大河截流的历史发展中，长江上的三次截流有着最典型的代表性，在推动世界截流技术的进展中起到了十分重要的作用。国内外大流量河道截流参数汇总见表 1-1。

表 1-1　　国内外大流量河道截流参数汇总表

序号	工程名称	河流	国家	截流时间	截流方式	流量/(m^3/s)	落差/m	流速/(m/s)
1	古比雪夫	伏尔加河	苏联	1955 年 10 月	浮桥平堵	3800		5.5
2	达勒斯	哥伦比亚河	美国	1956 年 10 月	混合截流	3280	1.50	3.70
3	麦克纳里	哥伦比亚河	美国	1956 年 11 月	缆机平堵	3920	5.40	9.00
4	三门峡	黄河	中国	1958 年 11 月	立堵	2030	2.97	6.86
5	布拉茨克	安加拉河	苏联	1959 年 6 月	栈桥平堵	3600	3.50	
6	茹皮亚	巴拉那河	巴西	1966 年	立堵	3900	2.30	
7	铁门	多瑙河	罗马尼亚、南斯拉夫	1967 年 8 月	栈桥混合截流	3320	3.22	7.15
8	萨拉托夫	伏尔加河	苏联	1967 年 10 月	平堵	4100	0.50	
9	索尔泰拉岛	巴拉那河	巴西	1972 年 5 月	双戗立堵	3900	1.80	
10	萨拉托格兰德	乌拉圭河	阿根廷、乌拉圭	1974 年	立堵	6000		
11	伊泰普	巴拉那河	巴西、巴拉圭	1978 年 10 月	四戗立堵	8100	3.76	5.00
12	大化	红水河	中国	1980 年 10 月	双戗立堵	1390	2.33	4.19
13	葛洲坝	长江	中国	1981 年 1 月	立堵	4800～4400	3.23	7.00
14	图库鲁伊	托坎廷斯河	巴西	1981 年 7 月	立堵	4605	3.00	6.70
15	岩滩	红水河	中国	1987 年 11 月	立堵	1160	2.60	3.50
16	雅西里塔	巴拉那河	阿根廷、乌拉圭	1989 年 6 月	混合截流	8400	2.30	5.90
17	二滩	雅砻江	中国	1993 年 11 月	混合截流	1440	3.87	7.14
18	三峡	长江	中国	1997 年 11 月	立堵	11600～8480	0.66	4.22
19	三峡	长江（导流明渠）	中国	2002 年 11 月	双戗立堵	10300～8600	上戗 1.73 下戗 1.12	6.0

续表

序号	工程名称	河流	国家	截流时间	截流方式	流量/(m^3/s)	落差/m	流速/(m/s)
20	瀑布沟	大渡河	中国	2005年11月	立堵	920～880	4.92	8.1
21	锦屏一级	雅砻江	中国	2006年12月	立堵	814	5.23	5.92
22	溪洛渡	金沙江	中国	2007年11月	立堵	3500	4.5	6.3
23	向家坝	长江	中国	2008年12月	立堵	2350	2.34	6.1
24	桐子林二期	雅砻江	中国	2011年11月	立堵	2400	2.4	6.26
25	桐子林三期	雅砻江（导流明渠）	中国	2014年11月	立堵	650	9.26	7.48

1.3.2 截流技术新进展

目前，国内外大中型水利水电工程土石方开挖及填筑施工已普遍使用4～9.6m^3挖掘机，5～9.6m^3装载机、310～575kW推土机、30～77t自卸汽车等大容量装载、运输机械，为截流戗堤高强度抛投进占和抛投重型块体创造了条件，使立堵截流具有施工简单、快速、经济和干扰小等明显的优势。立堵进占前，可利用水上施工船舶，在龙口河床抛投护底材料或预平抛垫底，提高立堵龙口合龙抛投料的稳定性，减少流失量，缩短合龙时间。鉴于土石方施工机械容量的不断增大，有的工程截流时尽量利用建筑物基础开挖的石渣及块石料，采用大容量施工机械提高戗堤进占抛投强度，加快合龙进度。随着气象预报及水文观测技术的发展，截流期水文预报精度提高，并在龙口合龙过程中，能够及时观测龙口口门和分流建筑物的水文要素（水位、流量、流速、流态等）及龙口水下断面形态等资料，为截流设计及施工提供可靠的依据，有利于准确地选定合龙时机，减小截流龙口合龙的风险。其主要技术进展体现在以下几个方面：

(1) 减小龙口流量、流速、落差以及改善流态等水力要素。减小龙口流量的方法有：开挖导流明渠或隧洞、拆除围堰、创造良好的分流条件；增建截流闸（如三门峡工程）；堤下埋管或用框架作抛料（如苏联高尔基水电站）、增大戗堤透水性、加大渗流量等。减小龙口流速的措施有：以宽戗堤增加龙口的沿程阻力，减缓龙口比降，如奥瓦赫工程戗堤宽273.0m。减小龙口落差的方法有：用双戗、三戗或多戗分担落差，如隔河岩、白山工程为双戗，伊泰普、卡博拉巴萨、汗泰等工程均为三戗截流。减小单宽流量，可用宽龙口平堵，如斯大林格勒水电站龙口宽300.0m。为了改善龙口流态，可改进抛投位置和方法，如立堵困难段可采用上游凸出或上、下游角同时凸出进占，用大块料抛投上游角，挑开急流，形成戗端缓流区，以便使用一般石料抛投进占。

(2) 增加河床基础抗冲能力，提高河床的抗滑稳定性。为保护软基河床或覆盖层免遭冲刷，可采用护底措施。根据苏联的经验，上、下游护底范围分别为龙口最大流速处水深的3～4倍和2～3倍，宽度为大于4.0m^3/s流速的范围。护底材料常用的有铅丝笼块石（如铜街子、梅林堤工程）、块石（如古比雪夫工程）、化纤软体排（如大化、荷兰东席尔德工程）及柔性连接混凝土板（如武汉天兴洲护岸工程）等。

为了提高河床抗滑稳定性，龙口预抛各种块体料，加糙河床，形成拦石坎（如葛洲坝工程、三峡工程导流明渠截流工程）；也有设钢管拦石栅（如三门峡、盐锅峡、底比斯工程）、使用锚缆（如大约瑟夫工程）、或块串（如乌斯季伊利姆工程）等。

（3）提高抛投料抗滑稳定性和发挥块料群体作用。为增加块体自重，常采用重型块（如葛洲坝工程、铁门工程用25t重的混凝土块）、大单位重石料（如布拉茨克工程用3.0t/m^3 的辉绿岩块）、各种石笼（如葛洲坝工程为30t钢筋笼、溪洛渡工程为3m^3 钢筋石笼）、块串（如漫湾水电站15t四面体或铅丝笼双串），甚至采用巨型混凝土沉箱。采用有利于稳定的异形体，如重心低的四面体、框架等。采用高强度抛投，先在戗堤头堆积大量块料，用推土机快速推入龙口，充分利用抛料的群体作用，迅速实现截流，这在山高谷险、运输不便的条件下经常采用（如龙羊峡工程仅用4.75h就进占合龙）。

（4）信息化技术使截流施工进占高效、有序、精准。截流是一项复杂的系统工程，必须根据工程进度及时进行周密的分析判断，才能作出正确的决策。而分析判断又需要气象水文预报、截流水文测验、水工模型试验、水力学计算、截流及其相关工程施工进展状况等方面的信息，尤其是将截流水力学计算与水工模型跟踪试验和原型水文观测有机结合、互为补充，动态决策，才能使截流设计落实在比较可靠的基础上，并有效地指导截流施工。在工程截流期间，及时收集和处理大量的水文观测和施工信息，采用手工或用分散的计算机进行处理难度较大，为此，信息化技术逐步运用到截流信息的处理之中，取得了较好的成效。

三峡工程导流明渠截流期间水文和施工信息数据量巨大，时间要求紧迫，如果按照常规方法处理，不可能满足工作需要。三峡工程导流明渠截流实施中，利用现代信息处理技术和计算机网络技术建立水文气象信息处理中心负责水位、流量、流速分布、导流底孔与截流口门的分流比、固定断面监测、水面流速流向等数据的收集、分析、计算、整理、归档，并向截流决策部门、施工单位发布水文和水力学观测信息。配置网络软硬件，建立中心局域网，实现了从数据采集到信息实时发布。信息主要通过网站以网页的形式发布，辅以电子邮件、电话、传真、手机短信、人工递送等。用户直接上网访问网站。网站采用动态的形式发布数据，只要录入数据库中的数据，即可在网站上及时看到。与此同时，根据截流的进展情况，一天一次、一天两次或两小时一次，制作水文监测和施工综合信息，及时在网上发布。

1.3.3 截流的发展趋势

随着大型施工装备的发展，从20世纪50年代后期开始逐渐采用立堵法截流，至今成为截流方法的发展趋向；信息化的进步也极大地推动了截流技术的发展。截流技术的发展趋势主要体现在以下几个方面。

（1）趋向立堵，立堵逐渐代替平堵。以立堵为主并逐渐取代平堵，这是现代截流技术的发展趋势。在立堵前，不少工程还采用先抛投护底或平抛垫底措施，但其目的却各不相同。例如，铜街子工程截流时，先采用0.4m×0.6m×3.6m铅丝笼内装块石护底，其目的是防止河床冲刷；葛洲坝工程截流时，先用30t钢筋石笼和17t混凝土五面体护底，其目的是防止抛投料的流失；三峡工程导流明渠上、下游龙口部位分别用20t钢架石笼和8t合金钢网石兜预抛投垫底加糙拦石坎，其目的也是防止抛投料的流失；达勒斯工程平抛垫底，其目的是利用水电站基坑开挖弃渣和减少戗堤体积；长江三峡工程大江截流平抛垫底，其目的是防止堤头坍塌。

(2) 趋向较高水头截流。采用较高水头落差截流，可减少导流隧洞或导流明渠工程量，同时截流时机选择的时段加长，便于主体工程进度控制。现代运输和起重机械的发展，使采用更大块重、更高抛投强度实现高水头截流成为可能。如1956年的伊尔库茨克工程截流落差2.17m，1959年的布拉茨克工程截流落差2.96m，1969年的乌斯季伊利姆工程截流落差3.8m，1987年的鲍谷昌工程截流设计落差4.3m等，就显示了这一趋势。为实现高落差截流，常采用双戗或多戗截流方式。

(3) 趋向抛投强度加大。随着施工机械容量不断增大，抛投强度相应提高，不用或少用大料，尽量利用一般石料成为趋势。如1989年，我国的水口水电站使用工地石渣加粒径0.4～0.7m的大、中石料顺利截流。伊泰普工程用石渣混合料（直径0.6～1.2m）80万m^3，抛投强度140000m^3/d，三戗截流成功。卡博拉巴萨工程用400kg以下块石30万m^3，总落差7.0m，三戗截流成功。在场地狭小、交通不便的山谷河道上，还常采用在龙口边分层堆积石料，用推土机推入龙口，以加大强度，迅速合龙（如苏联的英古里恰尔瓦克工程）。

(4) 趋向设计标准降低。目前，一般用当月或当旬5%～10%频率的流量作为截流设计流量，但是，实践表明，设计流量往往比实际截流流量偏大。我国24个工程截流的设计流量和实际流量的统计结果表明，设计流量与实际流量的比值平均为2.06；苏联15个工程的统计结果表明，其设计流量和实际流量的比值平均为2.07左右。由此可见，适当降低截流设计流量是合理而必要的。随着水文预报手段更加先进，精度更高，完全可以通过预报为调整施工计划提供条件，避开洪峰进行截流。流域滚动开发的河段，可充分利用上游已建水库的联合调度，控制下泄流量，有效减小下游河道截流流量，降低截流难度。

2 截 流 设 计

2.1 截流时段与截流流量

截流时段与截流流量的选择直接关系到截流难度和整个工程的施工部署，需要认真研究分析坝址水文资料、导流泄水建筑物施工进度及具备过水的时间、截流后围堰的施工工期及安全度汛与总工期的要求，优选截流时段，并通过对坝址实测水文资料分析和理论频率计算成果确定截流设计流量。

2.1.1 截流时段的选择

1. 截流时段选择原则

截流时段的选择，不仅关系到截流流量的确定，而且影响整个工程的施工部署。选择截流时段应遵循以下原则：

（1）截流时段宜选在枯水期河道较小流量时段。对于大流量河道，枯水期按水文特性一般可分为三个时段：汛后退水时段（枯水期前段）、稳定枯水时段（枯水期中段）、汛前迎水时段（枯水期后段）。在稳定枯水时段，河道流量较小。截流时段宜选在枯水期较小流量时段，全面考虑河道水文特性和截流前后应完成的各项控制性工程要求，综合权衡分流建筑物、截流及围堰施工难度，合理利用枯水期，以选择最优的截流时段。

（2）截流时段的选择应考虑围堰施工工期，确保围堰安全度汛。河道截流是围堰施工的第一道工序，为围堰施工创造了条件，但在截流后必须在汛前将围堰修筑至设计要求的形象断面，以确保围堰度汛安全。通常，大流量河道围堰工程量较大，为满足围堰施工工期要求，宜将河道截流时段选择在枯水期前段，但需研究落实分流建筑物施工方案，尤其是分流建筑物引水渠进口处预留的围堰及其下压的石埂开挖措施。

（3）截流时段的选择应考虑对河流的综合利用影响最小。对有通航、灌溉、供水等综合利用的河流，截流时段的选择应全面兼顾，使截流对河道综合利用的影响最小。

（4）有冰情的河道截流时段不宜在冰凌期。我国北方河流有冰凌期，河道截流时段应避开流冰及封冻期，以利于截流及闭气施工。

2. 截流时段选择实例

（1）葛洲坝工程大江截流时段选择。大流量河道截流时段通常以旬计。葛洲坝工程大江截流时段选定为 1980 年 12 月下旬至 1981 年 1 月上旬。按施工总进度安排，大江截流在 1980 年冬至 1981 年春枯水期进行。根据坝区宜昌水文站 1877 年以来的实测水文资料统计，12 月中旬至次年 3 月中旬最大流量均在 9000m^3/s 以下，最枯流量出现在 1 月下旬至 2 月下旬，流量 6100～2950m^3/s（表 2-1），在此时段截流，流量最小。但选择截流时段，还需考虑截流之后，上、下游土石横向围堰在汛前能否修筑至度汛高程。大江上、下游土石围堰填筑工程量达 586 万 m^3，施工期短，堰体在 6 月填筑到设计高程难度较大，据此，首先，截流时间越早对围堰施工越有利；其次，考虑在截流之间要有足够的时间完成二江导渠开挖（包括二江围堰拆除）及大江截流戗堤非龙口段进占施工，否则过早截流各项准备工作来不及。经综合分析截流时间与围堰施工的矛盾，截流合龙时段定在 1980 年 12 月下旬至 1981 年 1 月上旬。

表 2－1　　宜昌站实测 11 月至次年 3 月分旬流量特征值

月份	上旬			中旬			下旬		
	流量/(m^3/s)			流量/(m^3/s)			流量/(m^3/s)		
	最大	最小	平均	最大	最小	平均	最大	最小	平均
11	26500	6550	13100	30600	5900	10500	17500	5250	8300
12	12400	4250	7100	8950	4050	6000	7750	3850	5200
1	7250	3450	4700	7300	3250	4300	5650	3100	4100
2	6100	2950	3900	5350	2950	3200	5750	3100	4000
3	8020	3320	4590	7780	3280	4890	11700	3010	5670

（2）三峡工程大江截流时段选择。三峡工程大江截流时段的选择主要考虑右岸导流明渠分流及具备通航条件的时间和二期土石横向围堰施工工期等因素。根据坝址下游宜昌站 100 多年实测水文资料，长江流量最枯时段在 1 月下旬至 2 月下旬。若在此时截流，则截流流量最小。但二期土石横向围堰填筑量达 1032 万 m^3，混凝土防渗墙达 9.2 万 m^2，从二期土石围堰施工工期的紧迫性和围堰度汛的重要性考虑，大江截流宜提前在 11 月进行，因为截流越提前，对围堰填筑工期越有利。技术设计阶段拟定大江截流时段为 11 月下旬至 12 月上旬，较初步设计阶段大江截流时段拟定 12 月上旬至中旬有所提前。1995 年进行招标设计时，根据三峡工程施工实际进展情况，一期施工进度较初步设计进度略有提前，特别是右岸明渠开挖和混凝土纵向围堰施工进度有较大提前，从而为提前截流创造了十分有利的条件。经分析研究后认为，由于导流明渠是按通航要求设计的，其分流过水能力大，即使在较大流量条件下截流，截流水头也不大。据 1∶100 和 1∶80 水力学模型试验成果，在截流流量不超过 20000m^3/s 的条件下，截流落差可以控制在 1.3m 以内，因此，截流时段适当提前是可行的。大江截流时段选择的另一个控制因素是截流期施工通航条件，二期导流期的通航建筑物——临时船闸直至 1998 年 5 月初才能通航。为了不因截流施工而造成长江航运的中断，在初步设计阶段，截流时段选定于 12 月上中旬，这主要是因为按施工计划安排导流明渠在 10 月过流，11 月才能通航。因此，为确保截流施工期不断航，截流时间不能早于 12 月，同时，因为明渠分流前长江流量从主河道宣泄，而 11 月以前导流明渠不能通航，所有船舶只能从主河道通行，故 1997 年汛前和汛末截流戗堤预进占长度需受到限制，大部分预进占只能在汛后 10—11 月施工，以保证当年汛期和 10—11 月主河道束窄口门留有足够的宽度，确保船舶安全通行。

根据以上分析，在大江截流与二期围堰招标设计阶段，将大江截流合龙期提前至 1997 年 11 月中旬，截流设计流量 14000～19400m^3/s（相应于 11 月下旬及中旬 5%频率旬最大日平均流量)。具体截流合龙日期，将根据1997年汛后各项施工项目的实际进展情况，以及届时的水文气象条件和长江流量的实际情况相机确定，尽量争取提前截流龙口合龙。

根据坝址下游宜昌水文站1877—1996年共120年实测水文资料统计分析，10月26—31日和11月1—5日出现小于20000m³/s的年数分别为96年和111年，所占比例分别为80%和92.5%（见表2-2），说明大江截流龙口合龙时段提前到10月底至11月上旬是有可能的。1997年11月8日，成功实现了大江截流。

表2-2　宜昌站10月下旬至11月上旬实测流量统计分析（1877—1996年）

项　目	10月21—25日	10月26—31日	11月1—5日	11月6—10日
小于20000m³/s的年数	80	96	111	119
所占百分比/%	66.7	80.0	92.5	99.2

2.1.2　截流流量的选定

根据《水利水电工程施工组织设计规范》（SL 303—2004）规定："截流标准可采用截流时段重现期5～10年的月或旬平均流量，也可用其他分析方法确定"。其他方法主要包括多年实测水文资料统计分析法、水文预报法等。截流时段拟定以后，根据水文特性，可采用（或结合使用）以下方法确定截流设计流量。

1. *频率法*

考虑到截流设计流量主要用于确定在截流期间的戗堤高程、备料数量及抛投等有关参数。由此出发，截流设计流量无须按最大瞬时流量考虑。一旦遇到洪峰流量，截流时间可允许推迟数日，故只需按月或旬平均流量的频率设计即可满足要求。根据《水利水电工程施工组织设计规范》（SL 303—2004）的规定，截流设计流量采用截流时段频率10%～20%当月或旬平均流量。考虑到水文特性，当在汛后退水期截流时，如遇到实际洪水大于设计洪水时，尚可允许推后一段时间截流而不致延误工期。因此，设计流量允许选得小一些。大化水电站设计中考虑截流时间选在11—12月之间，设计流量定为10%的旬平均流量，通过水文资料分析，其不同频率的旬平均流量见表2-3。

表2-3　大化水电站不同频率的旬平均流量　　单位：m³/s

时间	频率/%			时间	频率/%		
	5	10	20		5	10	20
10月下旬	5500	3000	2000	11月下旬	1710	1500	1270
11月上旬	4500	2770	1900	12月上旬	1530	1320	1100
11月中旬	3190	2320	1640				

由表2-3可知，11月中旬与下旬相差悬殊，以频率10%为例，相差达820m³/s；而截流最终落差，前者为3.7m，后者为2.19m，相差达1.51m。以11月下旬与12月上旬相比，则频率10%的流量相差180m³/s，落差相差仅0.14m，而施工期却相差10d。因此，设计选定11月下旬为截流时间，截流设计流量按频率10%的旬平均流量定为1500m³/s。黄河盐锅峡工程确定在1960年4月截流，处于汛前迎水期，截流设计流量为860m³/s，是根据

频率10%的4月上旬平均流量确定的，而实际截流流量为400～447m³/s。

2. 统计分析法

考虑到截流戗堤不同于围堰挡水，而采用频率法确定的设计流量又往往大于实际流量，有的甚至相差悬殊，因此，有的工程采用统计分析法确定设计流量。这种方法的实质是根据历年水文资料统计出该时段（月或旬）的历年最大、最小及平均流量，也可以根据该年的水文特性按典型年（丰水年、平水年或枯水年等）求出该时段的流量。然后，通过综合分析，确定其设计流量。也可以根据历年实测资料统计结果，选取几个可能流量，分析在其时段内出现的天数，最后确定设计流量。对于水文系列长的河流可考虑独立使用此法，一般此法总是和频率法配合使用。

葛洲坝工程大江截流工程根据实测资料统计，12月中旬至次年3月中旬最大流量均在9000m³/s以下，最枯流量出现在1月下旬至2月下旬，此时段实测流量为6100～2950m³/s。根据选定的截流时间，12月至次年1月实测和计算的旬平均流量见表2-4。

表2-4　葛洲坝工程12月至次年1月实测和计算的旬平均流量　单位：m³/s

项　目	12月			1月		
	上旬	中旬	下旬	上旬	中旬	下旬
统计的平均流量	7030	5950	5170	4670	4300	4050
频率5%的平均流量	9010	7500	6220	5850	5340	5020

表2-5　葛洲坝工程12月下旬至次年1月上旬出现设计截流流量的次数

流量/(m³/s)	>7300	7300～5200	<5200
12月下旬	3	66	31
1月上旬	1	27	73

通过综合分析，确定设计流量为7300～5200m³/s，分别相当于12月和1月5%频率的月平均流量。在100多年实测资料中，12月下旬至次年1月上旬出现设计截流流量的次数见表2-5。考虑截流合龙时间提前或推迟的可能性，截流设计和水工模型试验研究将截流流量的范围扩大到10300m³/s（相当于11月月平均流量）～3900 m³/s（相当于2月月平均流量）。

3. 预报法

目前水文预报科学日臻成熟，特别在枯水期，流量稳定，预报值有较高的准确性。青铜峡、刘家峡、龚嘴等工程都曾采用预报法确定截流设计流量。

以青铜峡水电站为例，确定截流设计流量时，既分析了实测水文资料，又考虑了预报值。根据水文预报，1960年为中水年，2月流量为320～210m³/s，结合实测资料的统计分析，确定设计流量为300m³/s。龚嘴水电站原根据12月下旬预报确定按截流设计流量660m³/s进行准备，其后选定2月下旬截流，又根据预报确定截流设计流量为420m³/s，实际截流时，流量为448～420m³/s，与设计值相近。

采用预报法可取得较接近实际的结果，但是由于水文气象条件影响因素复杂，特别是长期预报尚难做到准确无误。因此，一般都是配合其他方法，通过综合分析，确定截流设计流量。

国外和国内若干截流工程设计流量与实际流量对比分别见表2-6和表2-7。

表 2-6　　国外若干截流工程设计流量与实际流量对比

国　家	工程名称	河流名称	截流设计流量		实际截流流量/(m^3/s)
			频率	流量/(m^3/s)	
巴西、巴拉圭	伊泰普	巴拉那河	5%	17000	8100
南斯拉夫、罗马尼亚	铁门	多瑙河	5%	7000	3300
波兰	符沃次瓦维克	维斯拉安河	10%月平均	1000	870～840
苏联	布拉茨克	安加拉河	5%月平均	6300	3500～2800
	乌斯季伊利姆	安加拉河	5%月平均	6300	2970
	古比雪夫	伏尔加河		12000	3800～3600

表 2-7　　国内若干截流工程设计流量与实际流量对比

工程名称	河流名称	截流设计流量		实际截流流量/(m^3/s)
		频率	流量/(m^3/s)	
白山	松花江	20%旬平均	440～260	118
映秀湾	岷江	10%旬平均	1300	115
西津	郁江	10 旬平均	1300	594
大化	红水河	10%旬平均	1500	1210～139
三门峡	黄河	5%中水年月平均	1000	2630
盐锅峡	黄河	10%旬平均	860	447
龚嘴	大渡河	5%最大瞬时	520	600
丹江口	汉江	5%最大瞬时	640	310
刘家峡	黄河	10%旬平均	500	220
铜街子	大渡河		750	850
岩滩	红水河		1900	1160
漫湾	澜沧江		922	636
隔河岩	清江	10%月平均	425	210
水口	闽江		1620	1133
李家峡	黄河		300	620
五强溪	沅江		1400	613
二滩	雅砻江		2000	1440
葛洲坝大江截流	长江	统计分析	7300～5200	4800～4400
三峡大江截流	长江	统计分析	19400～14000	11600～8480
三峡明渠截流	长江	统计分析	12200～10300	10300～8600
溪洛渡	金沙江	10%旬平均	5160	3600～3560

2.1.3　分流及控流方式选择

1. 分流及控流方式选择的原则

(1) 充分掌握基本资料，全面分析各种因素，优化导流方案，使工程尽早发挥效益。

(2) 对各期导流特点和相互关系进行系统分析，全面规划，统筹安排，运用风险度分析的方法，处理洪水与施工的矛盾，务求导流方案经济合理，安全可靠。

(3) 适应河流水文特性和地形、地质条件。

(4) 工程施工期短，工程施工安全、灵活、方便。

(5) 结合利用永久建筑物，减少导流工程量和投资。

(6) 适应通航、排冰、供水等要求。

(7) 河道截流，坝体度汛，封堵，蓄水和供水等初、后期导流在施工期各个环节，能合理衔接。

2. 分流及控流方式比较与选择

在分流及控流方式比较与选择时，应根据地形、地质条件、水文特性、流冰、枢纽布置、航运、施工安全方便、施工进度、投资等要求综合比较选择，设置合理的截流泄水道及控流方式。截流泄水道是指在戗堤合龙时水流通过的地方，例如束窄河槽、明渠、涵洞、隧洞、底孔和堰顶缺口等均为泄水道。截流泄水道的过水条件与截流难度关系很大，应尽量创造良好的泄水条件，减少截流难度，平面布置应平顺，控制断面尽量避免过大的侧收缩、回流。弯道半径亦需适当，以减少不必要的损失。泄水道的泄水能力、尺寸、高程应与截流参数进行综合比较选定。在截流有充分把握的条件下尽量减少泄水道工程量，降低造价。在截流条件不利、难度大的情况下，可加大泄水道尺寸或降低高程，以减少截流难度。泄水道计算中应考虑沿程损失、弯道损失、局部损失。弯道损失可单独计算，也可纳入综合糙率内。如泄水道为隧洞，截流时其流态以明渠为宜，应避免出现半压力流态。在截流难度大或条件较复杂的泄水道，则应通过模型试验核定截流水头。

2.2 截流方式

截流方式可归纳为戗堤法截流和无戗堤法截流两种。戗堤法截流主要有立堵、平堵及混合截流；无戗堤法截流主要有建闸截流、定向爆破、浮运结构截流等。截流方式根据当地水文气象、地形地质、施工条件以及当地材料等条件确定，通常多采用以下方式进行截流。

2.2.1 立堵截流

立堵截流是指利用自载汽车配合推土机等机械设备，由河床一岸向另一岸，或由两岸向河床中间抛投各种物料形成戗堤，逐步进占束窄过水口门，直至合龙截断水流。由于抛投进占是在戗堤顶面的干地上进行，有利于采取适宜的抛投技术。但龙口单宽流量随龙口缩窄而增大，流速也相应增高，直至最后接近合龙时方急剧下降，故水力学条件较平堵截流为差。另外，由于端部进占，工作面相对较小，故施工强度受到限制。立堵截流是我国水利水电工程截流的传统方法。我国一些大型水利水电工程，如黄河三门峡、汉江丹江口、长江葛洲坝、三峡、澜沧江漫湾、大朝山、闽江水口、黄河小浪底、金沙江溪洛渡、雅砻江锦屏一级等工程截流都采用立堵，积累了较多的实践经验。它具有施工简单、快速经济和干扰小等明显优点。鉴于目前大容量装载、运输机械在国内大型水利水电工地的较普遍使用，抛投施工强度及块体粒径大小已不是制约因素，单戗立堵截流被优先研究和采用。

葛洲坝工程大江截流是我国长江干流上第一次进行的规模巨大的截流工程。设计深入研究比较了上游单戗立堵截流、上下游双戗立堵截流、浮桥平堵截流、栈桥平堵截流等四个方案，最后选定上游单戗堤立堵截流方案。根据葛洲坝工程大江截流设计和施工的成功经验，对于截流最终落差约3.5m，最大流速约7.5m/s的截流工程，只要采取一些可靠的技术措施，如龙口护底、加糙措施，配备足够数量的大型机械，尽管流量大、水深大，龙口单宽流量和单宽能量超过一般水平，单戗立堵仍然有把握成功截流。大量工程实践，证明立堵截流是行之有效的截流方式。

双戗立堵截流，可分担总落差，改善截流难度。国内外大江大河截流中，当截流最大落差超过5m且龙口平均流速超过4～5m/s时，一般多采用双戗截流。

国内外一般立堵截流的戗堤顶宽多在20～25m范围内，因此习惯上称顶宽超过30m的截流戗堤为宽戗堤。戗堤加宽后，增加了龙口水流沿程摩阻损失，可以降低龙口水流流速，对截流抛石稳定有利。美国达拉斯工程截流试验证实，当戗堤顶宽为9m时，龙口轴线底部最大流速为6.4m/s，逐渐加宽戗堤，原来实测点流速也相应下降，当戗堤宽达76m时，同点流速已降为5.18m/s，减速效果明显。金安桥水电站是金沙江中游河段第一座截流的水电站，截流设计标准为频率10%，12月中旬，设计流量889m^3/s。经水力学计算及模型试验验证，若采用单戗堤截流，截流具有截流落差大、龙口流速大、单宽功率高等特点。鉴于单戗截流难度较大，双戗截流在该工程不具优势，设计提出采用宽戗堤（顶宽50m）立堵截流方案，经实践证明是合理可行的，截流顺利合龙。

戗堤加宽后，不仅可以适当改善截流水力条件，而且可以提高截流抛石强度，有利于抑制截流抛石料的流失。但是进占前线宽，要求投抛强度大，所以只有当戗堤可以作为坝体（土石坝）的一部分时，才宜采用，否则用料太多。例如，美国奥阿西土石坝工程就是将截流戗堤设计成为土石坝的组成部分，在截流戗堤宽度由182m增加到200m以上的过程中，不仅抛石强度由原来的2450m^3/s提高到2920m^3/s，而且抑制了原来的抛石严重流失现象（最大流失量达35%），效果明显。

2.2.2 平堵截流

平堵截流是指沿戗堤轴线，在龙口处设置浮桥或栈桥，或利用跨河设备如缆机等，沿龙口全线均匀地抛筑戗堤，逐层上升，直至戗堤最后露出水面，河床断流。由于平堵截流过程中龙口宽度未缩窄，故单宽流量在戗堤升高过程中逐步减小，水力学条件良好。但此方式准备工作量大，造价昂贵。

浮桥平堵截流是苏联20世纪40—50年代采用较多的一种截流方式。根据葛洲坝工程大江截流设计的研究成果，认为对于水头较高（截流落差超过3m）、架桥流速较大（超过4m/s），浮桥运行期水位变幅较大的截流工程，其浮桥架设和运行的技术安全性尚无把握，加之在浮桥上抛投重型块体的桥面结构及锚定设备复杂，费用较高，针对我国实际情况，浮桥方案一般不作为设计重点研究的截流方案。

栈桥平堵截流具有施工安全可靠，技术把握性较大等优点，适用于大流量，高落差（如大于3.5m）的河道截流，按我国通用的建桥方式，往往施工工期长，投资大。特别是在通航河道上进行栈桥施工，与通航的矛盾不易解决，因此认为，如无特殊必要也不宜作为研究的重点。在水力学条件许可且具有设备的情况下，可以研究采用船舶平抛作为截流的辅助措施。

2.2.3　混合截流方式

（1）立平堵。为了充分发挥平堵水力条件较好的优点，同时降低架桥的费用，有的工程采用先立堵、后架桥平堵的方式。苏联布拉茨克水电站，在截流流量 $3600m^3/s$、最大落差 3.5m 的条件下，采用先立堵进占，缩窄龙口至 100m，然后利用管柱栈桥全面平堵合龙。

（2）平立堵。对于软基河床，单纯立堵易造成河床冲刷，采用先平抛护底，再立堵合龙，往往是合理的方案。此时，平抛多利用驳船进行。我国青铜峡、丹江口、大化、葛洲坝、三峡大江截流及三期导流明渠截流等工程均采用此方式。

显然，立平堵方式是利用平堵进行最后截流，仍属于平堵范畴；而平立堵方式则利用立堵进行最后合龙，仍属于立堵范畴。

2.2.4　其他截流方式

以下几种截流方式只有在条件特殊、充分论证后方能使用。

（1）建闸截流。先修建截流闸分流，以降低戗堤水头，待抛石截流后，再下闸断流。该方法在三门峡和乌江渡工程中曾成功采用，可克服 7～8m 以上的截流落差，但这种方法需具备建造截流闸的地形地质条件。

（2）水力冲填截流。河流在某种流量下有一定的挟沙能力，当水流含沙量远大于该挟沙能力时，粗颗粒泥沙将沉淀河底进行冲填。基于这一原理，冲填开始时，大颗粒泥沙首先沉淀，而小颗粒则冲至其下游侧逐渐沉落。随着冲填的进展，上游水位逐步壅高，部分流量通过泄水通道下泄。随着河床过水断面的缩窄，某些颗粒逐渐达到抗冲极限值，一部分土体仍向下游移动，结果使戗堤下游坡继续向下游扩展，一直到冲填体表面摩阻造成上游水位更大的壅高，而迫使更多流量流向泄水通道，围堰坡脚才不再扩展，而在高度方向急剧增长，直至露出水面。

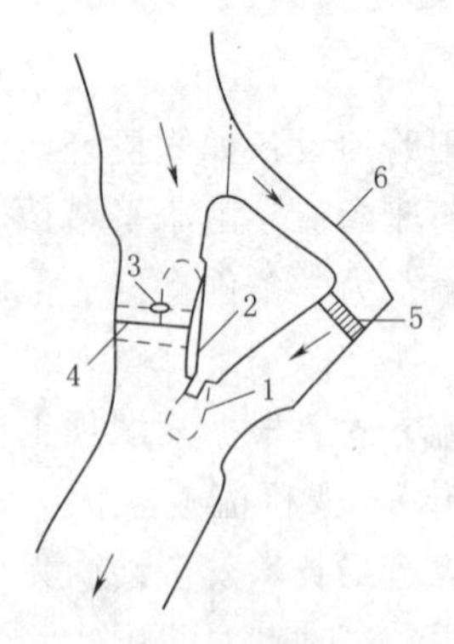

图 2-1　福特兰戴尔工程冲填截流段平面示意图

1—吸泥船；2—压力输泥管道；3—自行式驳船；4—冲填围堰；5—泄水建筑物；6—导流明渠

1952 年美国在密苏里河上的福特兰戴尔工程第一次采用了水力冲填截流方式。原计划用河床均匀沙冲填，通过试验证明行不通，改用导流明渠处直径达 76mm 的砂石料（利用生产能力达 3.82 万 m^3/d 的吸泥船开采，吸泥管直径达 900mm）冲填。用以冲填的输泥管设置在自行式驳船上，它可以横向移动，以便均匀地沿龙口整个宽度进行冲填（图 2-1），成功地实现了截流。

这种截流方式在苏联鲁查河、亚赫屠巴河、德涅斯特河及里昂河上若干工程都获得了成功。

（3）定向爆破截流。在峡谷山区河道上截流而交通不便或缺乏运输设备时，可采用定向爆破方式截流。利用定向爆破，将大量岩石抛入河道预定地点，瞬时截断水流。

1971 年 3 月，我国碧口水电站在流量 $105m^3/s$ 情况下，将龙口缩窄到 20m 宽，利用左岸陡峻岸坡，设计布置了 3 个药包，一次定向爆破堆筑了 $6800m^3$ 物料，堆积平均高度为 10m，成功地截断了水流。

（4）预制混凝土块体爆破截流。通常在岸边预制混凝土块体，然后爆破炸除临河支撑，使块体倒卧龙口，实现瞬时断流。

我国三门峡工程在神门泄流道截流中，采用了等边三角形断面的小型爆破体（图 2-2）。为了减小阻水面积，爆破体分层组成，分散落水，总体积为 $45.6m^3$。

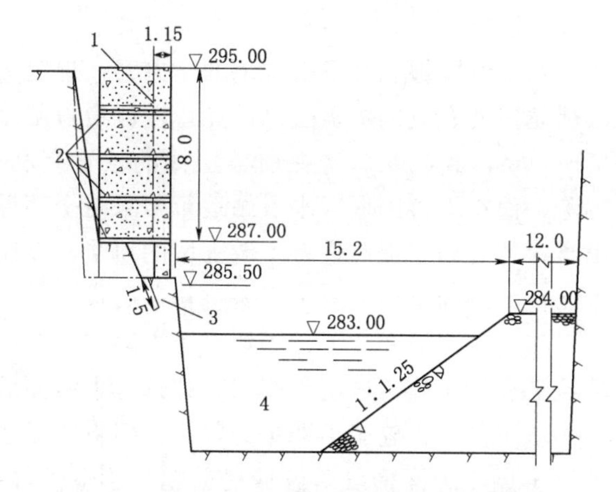

图 2-2　三门峡工程预制混凝土块体爆破截流施工图（单位：m）

1—预制爆破体中心线；2—黄土垫层；3—预留炮孔；4—龙口

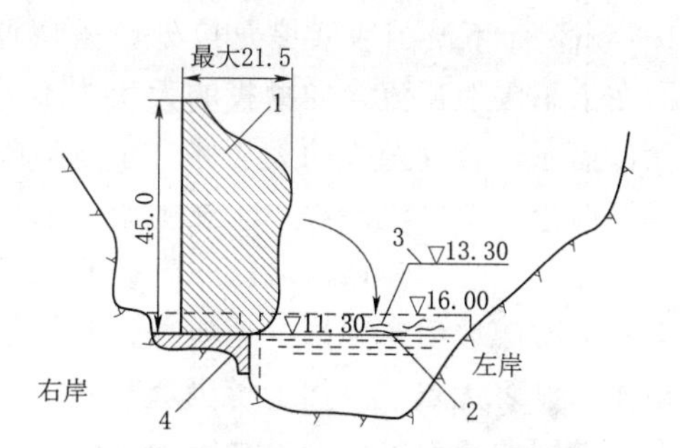

图 2-3　刚果松达工程预制混凝土块体爆破截流施工图（单位：m）

1—混凝土块体；2—原水位；3—截流后水位；4—制作平台

刚果松达工程，在截流流量 $600m^3/s$ 情况下，采用了高 45m、重 28 万 t 的预制混凝土爆破体。为了一次截断河流，采用了与岩基河床形状相一致的断面（图 2-3）。

（5）沉放浮运结构截流。初期利用旧驳船、各种浮运结构，将其拖至龙口，在埽捆、柴排护底下，装载土砂料，充水使其沉没水中，一次截断水流。其后进一步发展浮运结构成为封闭式钢筋混凝土浮箱，在浮箱之间留出缺口形成“梳齿孔”过流，由于缩窄龙口水流不大，浮箱容易沉放，最后，将缺口闸阀放下，即可达到截断水流的目的。荷兰成功地用浮运结构堵截海堤。木笼也是一种浮运结构，我国新安江水电站曾采用这种方式截流。

2.3　截流戗堤和龙口

2.3.1　截流戗堤和龙口位置选择

1. 截流戗堤布置

截流是修建围堰的先决条件，同时截流戗堤一般作为围堰堰体的一部分。戗堤轴线应根据河床和两岸地形、地质、交通条件、主流流向、通航要求等因素综合分析选定。

截流戗堤布置时，应考虑与围堰防渗体的关系，防止截流合龙时戗堤进占抛投料流失进入防渗体部位，造成防渗体施工困难，并有可能形成集中渗漏通道而影响围堰安全运行。通常，单戗立堵截流戗堤布置在上游围堰，有利于围堰闭气后基坑抽水。平堵截流戗堤轴线需考虑便于架桥的地形条件，尽量减小架桥工程量，栈桥应考虑桥墩处的地质条件。采用双戗和多戗截流时，为使各条戗堤分担一定落差，戗堤间距需满足一定要求。通常双戗截流和多戗截流的戗堤分别布置在上、下游围堰内。

截流戗堤在上游围堰内的位置，最好为围堰背水侧，其优点是：截流戗堤兼作排水棱体，有利于围堰的渗透稳定；可减少截流过程中围堰基础覆盖层的冲刷；当围堰采用防渗墙垂直防渗时，可避免截流抛投的大块体流失到防渗轴线范围内而增加防渗墙造孔难度。

葛洲坝工程大江截流戗堤布置研究比较了在上游围堰和在下游围堰两个方案，选定在上游围堰。主要理由有：①上游围堰截流戗堤龙口处右侧的覆盖层已冲光，左侧覆盖层厚1～4m，而下游围堰戗堤龙口处覆盖层厚5～11m，截流龙口选在覆盖层浅的位置有利；②在上游围堰截流合龙抛投的大块体不需拆除，而在下游围堰因水电站运行要求需全部拆除，而龙口合龙抛投的大块体，水下拆除困难；③有利于提前进行上游围堰的填筑，以便于汛前抢修至度汛高程；④在上游围堰截流比在下游围堰截流减少了基坑初期的排水量。

三峡工程大江截流戗堤布置研究比较了设在上游围堰和在下游围堰两个方案。分析了上、下游围堰河床地形、地质条件和围堰填筑工程量、施工进度等因素，如选择下游围堰截流无显著优点。虽然上游围堰高度大，堰体填筑量大，施工工期更为紧张，但将戗堤选在上游围堰反而可以通过加大填筑强度而争取工期，为深槽段防渗墙提前施工创造条件。截流戗堤布置在上游围堰，合龙进占抛投的大块体可不拆除。综合分析比较截流戗堤布置在上游围堰的下游侧，兼作围堰排水棱体。截流戗堤轴线与围堰轴线大体平行，且控制戗堤上游坡脚外缘与防渗墙轴线距离不小于20m，以避免截流抛投的大块体滚落到防渗轴线范围内而增加防渗墙造孔难度。

2. 龙口位置选择

通常龙口段在分流建筑物分流后进占，截流难度出现在龙口段抛投进占至合龙这一段。龙口位置选择应考虑下列因素：

（1）龙口尽量选在河床覆盖层较薄处或基岩裸露处，以免合龙过程中，河床覆盖层被冲刷，引起截流戗堤塌滑失事；龙口处河床不宜有顺流向陡坡和深坑，如选在基岩面突变的河床，应采取措施，确保截流戗堤稳定。

（2）对有通航要求的河道截流，龙口宜选在河床深槽主航道处，以利于龙口合龙前的通航。对无通航要求的河道截流，龙口选在浅滩处，可减少合龙工程量。

（3）龙口附近有比较宽阔的场地，作为截流基地堆放合龙抛投料，便于布置交通道路和场地，有利于高强度抛投进占。

葛洲坝工程大江江面宽约800m。一期施工时，在大江左侧修建一期土石纵向围堰，使大江束窄120～150m，以后继续在纵向土石围堰大江侧弃渣作为截流施工场地，至1980年汛前，截流基地向大江进占80～100m，截流前大江江面宽为500～600m。戗堤左侧150m范围内，覆盖层厚度5～15m，基岩为黏土质粉砂岩。大江右侧为主航道，距岸边150m范围覆盖层已大部冲光，局部浅槽处覆盖层厚1～3m，基岩为砾岩。在河床中部250m范围内，覆盖层厚1～4m，局部覆盖层已被冲光。基岩为砾岩和黏土质粉砂岩。在技术设计阶段，设计人员综合分析了地质、施工和通航条件，将龙口位置选择在河槽中偏右部，距岸边120m，全部位于砾岩基础上。审定技术设计方案时，设计人员从均衡两岸戗堤抛投数量出发，将龙口位置左移50m，位于河槽中部（图2-4）。

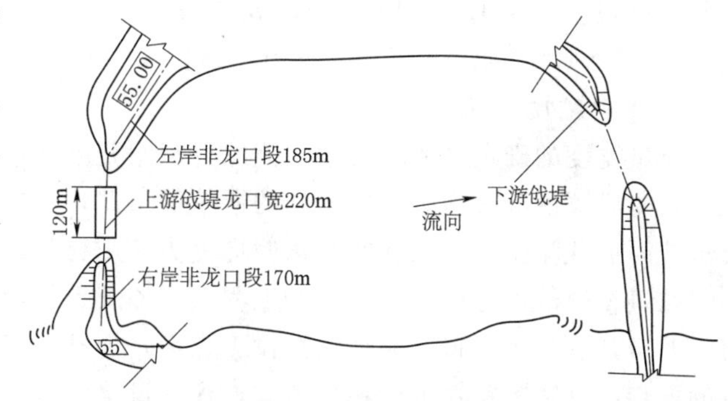

图2-4　葛洲坝工程大江截流龙口位置图

三峡工程大江宽1100m，一期土石纵向围堰使大江束窄150～200m，上游截流戗堤轴线长797m，其中河床左漫滩沿轴线长310m，覆盖层厚0～4m；中部深槽段沿轴线长约200m，上部5～16m为葛洲坝水库蓄水后的新淤积层，下部为砂砾石覆盖层；河床右漫滩沿轴线长250m。大江截流戗堤龙口位置及宽度的确定与分流条件及通航要求密切相关。在导流明渠提前分流和满足通航条件下，龙口位置宜尽量右移以避开河床深槽段，以便左岸非龙口段提前进占，堰体尾随进占，从而可提前形成防渗墙施工平台。但为了避开河床漫滩残留块球体，右岸防渗墙轴线布置为向上游凸出的折线，使截流戗堤轴线与长江主流呈50°交角，龙口右移至折线部位，合龙时龙口水流流态较为复杂，从而增加了合龙难度。为此，在确定龙口位置时，主要考虑下列因素：①尽量提前形成河床中部深槽段的防渗墙施工平台；②左、右岸截流备料量不均匀，左岸料源丰富，右岸截流基地在导流明渠分流后已成孤岛，料源补充困难，只能靠事先堆存料，料源十分紧张；③龙口口门轴线尽量与长江水流方向垂直，这样能使流态平顺，流速分布均匀对称，以利航运和截流；④龙口布置有利于进占过程中对河床深槽淤砂的冲刷，提高围堰稳定性。经综合分析，拟定龙口位置在河床深槽的右侧而避开左侧最深处。

2.3.2　戗堤型式和龙口主要参数的拟定

1. 截流戗堤断面型式

截流戗堤断面型式为梯形，堤顶宽度主要与抛投强度、行车密度和抛投方式有关，通常为15～20m，有时为提高抛投强度，堤顶宽度可达到30m。确定截流戗堤堤顶高程需要考虑整个进占过程中不受洪水的漫溢和冲刷，通常按高于截流施工期当旬20年一遇最大流量对应上游水位0.5～1.0m控制。由于汛后流量按旬逐渐减小，故所有的截流戗堤都是两端高、中间低，顶面纵坡一般不大于5%，局部不大于8%，以利车辆行驶。实际施工过程中，大多数工程都充分利用水情预报，不同程度地降低了堤顶高程，节省了工程量。葛洲坝工程大江截流戗堤堤顶宽25m，满足戗堤进占施工时3～4辆20t以上自卸汽车同时抛投的要求；戗堤堤顶高程从两岸非龙口段55.00m降至龙口段49.00m。三峡工程大江截流戗堤龙口段堤顶宽度30m，两岸非龙口段堤顶宽均为25m，可满足4辆45～77t自卸汽车在堤头端部同时进占抛投；戗堤堤顶高程从两岸非龙口段79.00m降至龙口段69.00m。

截流戗堤是在水中抛投进占形成的，它的边坡由抛投料自然休止角决定。参照国内外截流工程实例和水工模型试验成果，戗堤上游边坡一般为1∶1.2～1∶1.5，下游边坡为1∶1.4～1∶1.5，堤头边坡为1∶1.3～1∶1.5。葛洲坝工程实测截流戗堤上、下游边坡在非龙口段为 1∶1.1～1∶1.3，龙口段为 1∶1～1∶1.1；堤头边坡在非龙口段为 1∶1.1～1∶1.2，龙口段 1∶0.7～1∶1.1。

2. 龙口宽度

龙口宽度的确定主要取决于河流综合利用要求和水力条件。对有通航等要求的河道截流，其龙口宽度应考虑截流施工期的通航等条件，以尽量缩短其影响时间。对无综合利用要求的河道截流，龙口宽度通常按戗堤堤头使用材料的抗冲刷能力确定。

龙口宽度的确定还应考虑合龙工程量和施工条件等因素。龙口宽度应通过方案比较确定。龙口宽度过大，将增大截流抛投工程量，拖延截流时间；龙口宽度过小，将增大预进占的困难，且物料粒径也会相应增大，还会过早影响河流的综合利用。因此，应通过综合比较，确定最大的缩窄流速，从而选定合理的龙口宽度。对大流量河道截流，龙口宽度要通过水工模型试验验证后优选。

葛洲坝工程大江截流龙口宽度是指二江泄水建筑物尚未分流前，大江截流戗堤预留的最小口门宽度。确定龙口宽度时，首先考虑河床束窄过程中水流对戗堤及河床覆盖层的冲刷情况，要求控制龙口流速在 4m/s 左右，使两岸非龙口段戗堤可用中石及石渣进占，以减少大块石的用量；其次考虑尽量减少龙口工程量，降低施工强度，缩短合龙时间；再次考虑要有利于龙口护底的抗冲稳定，确保护底的安全；最后要兼顾通航条件，尽量缩短断航时间。

根据水工模型试验，在龙口综合护底高程 34.00m 条件下，当流量为 $7300m^3/s$，二江泄水建筑物未分流，大江截流戗堤用中小石料可以进占束窄至口门宽度 250m，龙口中线平均流速 4.1m/s，落差 1.18m；口门继续束窄至 200m 时，龙口中线平均流速 5.15 m/s，落差 2.34m，护底尚未冲动，用中等块石料在堤头上游角仍可进占；当口门宽度束窄至 180m 时，龙口中线平均流速 5.62m/s，落差 2.75m，堤头块石出现流失，护底的 15t 混凝土四面体亦有冲动流失现象。因此，认为龙口宽度 200m 已是非龙口段戗堤抛投中石料稳定的“临界”状态。为给护底的安全留有一定的余地，并使龙口段戗堤用中石料能在上游角进占，选择龙口宽度 220m。实际施工时，两岸非龙口段戗堤进占长度均较设计桩号超前，当时长江流量略低于设计流量，合龙前实测龙口宽度 203m。

三峡工程导流明渠提前于 1997 年 5 月 1 日过水分流，按常规大江截流可以认为没有明显的龙口，截流戗堤在 1997 年 10 月从两岸可以连续进占至合龙。但导流明渠虽提前分流，截流戗堤可提前进占，然而，其束窄口门宽度却又受导流明渠通航水流条件制约。导流明渠未正式通航前，通过三峡坝区的船舶仍从主河床截流戗堤束窄口门通行，截流戗堤两岸进占束窄口门的宽度必须满足口门通航水流条件的要求；导流明渠正式通航后，主河道截流戗堤束窄口门停止船舶通行，截流戗堤两岸进占束窄口门宽度仍需满足导流明渠通航水流条件要求。截流戗堤进占按 11 月上旬形成龙口，龙口宽度 130m，采用该旬 5%频率最大日平均流量 $27400m^3/s$，计算明渠分流量 $19000m^3/s$。经 1∶100 整体水工模型试验及船模试验，导流明渠水流条件可满足通航要求。因此，设计确定龙口宽度 130m。

2.3.3 龙口底部处理

在河床覆盖层较厚、水较深的条件下，可采用先平堵护底，后立堵合龙的平立堵结合方案。葛洲坝工程大江截流因河床覆盖层较厚，为加糙河床采用了平抛护底技术。三峡工程大江截流因施工水深为60m，有淤沙等覆盖层，模型试验中堤头出现坍塌等原因，采用先平抛垫底，以减少戗堤施工水深，保证堤头稳定，利于截流施工。

当覆盖层厚度小，甚至无覆盖层，而河床基岩岩面光滑时，也可在龙口部位预抛大块石、混凝土块体等抗冲能力强的材料。其目的是加糙河床，以改善合龙抛投材料的稳定边界条件。此外，为阻拦抛投料以防流失，也可抛成拦石坎的形式。三峡导流明渠截流因导流明渠底部光滑，截流流量大，龙口单宽能量及流速较大，采用预先在龙口段下游侧抛投大型钢架石笼及合金钢石兜形成拦石坎的方式加糙，有利于截流块体少流失，满足了截流块体稳定要求。

2.4 截流进占程序及抛投材料

2.4.1 非龙口段进占程序及抛投材料

（1）非龙口段进占特点。

1）通常非龙口段施工期间，分流建筑物尚未投入运用，流量全部通过戗堤束窄的口门下泄，改变了截流河道的水流流态。考虑束窄河道水力学条件变化造成两岸非龙口段戗堤稳定及覆盖层冲刷，应限制非龙口段进占施工速度。

2）对通航河道，在非龙口段进占过程中，坝址河段的航运尚未中断，但两岸戗堤施工与船舶通航互有干扰。因此，戗堤进占时应尽量减少对航道的影响。

（2）非龙口段进占程序拟定原则。

1）非龙口段进占时，需妥善解决戗堤施工与航运的矛盾。大流量河道截流，戗堤非龙口段进占施工与通航互有干扰，设计需研究截流施工各时段在满足通航水流条件下的束窄口门宽度，以拟定非龙口段合理的进占长度。

2）控制束窄口门的落差和流速，减少覆盖层冲刷及戗堤抛投料的流失量。两岸非龙口段戗堤施工期间，应划分若干施工时段，限制进占长度。通常，控制束窄口门流速小于4m/s，落差小于1m，以减少河床覆盖层冲刷，并考虑戗堤进占尽量利用石渣料。

3）非龙口段进占需兼顾对下游围堰施工的影响。戗堤两岸非龙口段进占过程中，河道过水断面逐渐束窄，在口门处形成的束窄水流影响下游的流态，并冲刷下游河床覆盖层，宜限制上游戗堤两岸非龙口段进占长度，避免对下游围堰覆盖层造成严重冲刷。

4）两岸非龙口段尽量提前进占，为围堰填筑及防渗体施工创造条件。截流戗堤在满足通航等条件下，尽量提前进占。两岸非龙口段分月进占长度，尽量兼顾各月施工强度均衡，并为围堰防渗墙施工平台尾随抛填创造条件，以减轻防渗墙后期施工强度。

（3）非龙口段进占水力计算。非龙口段进占水力计算主要提供分月逐旬束窄口门的水力学指标，以便确定两岸戗堤进占长度及其抛投料的规格数量。

初拟两岸非龙口段进占长度，分别采用当旬5%频率旬平均流量和5%频率最大流量，按一般束窄河床水力计算公式，由已知来水量及下游水位，求算束窄口门断面平均流速及口门落差。如发现初拟的两岸进占长度形成的束窄口门流速较大，应适当修正两岸进占长度。上游戗堤束窄口门及下游戗堤束窄口门宽度用水量平衡原理分析调整。分月逐旬束窄口门宽度确定后，通过计算，绘制口门泄流量与口门流速关系曲线。

(4) 非龙口段进占抛投材料。

1) 非龙口段进占抛投材料选用原则。

A. 非龙口段进占抛投材料以石渣及中小块石料为主，尽量减少大块石料的用量。

B. 为降低截流工程造价，非龙口段进占抛投材料不考虑使用混凝土块体和笼装块石等。

C. 为减少截流块石用量，两岸非龙口段进占抛投材料尽量利用主体建筑物基础开挖的石渣混合料及围堰拆除的石渣混合料或砂砾石料。

2) 非龙口段进占抛投材料分类规格。

A. 砂砾石料。砂卵石料干密度 1.98～2.11g/cm^3，粗料含量 60%～70%，卵石粒径一般为 40～200mm，大者 500mm 左右。

B. 石渣混合料。主体建筑物基础开挖的石渣混合料，干密度 1.86～2.00g/cm^3，粒径一般为 10～40cm，含泥量 5%～15%。

C. 块石料。根据戗堤进占抗冲要求，并考虑开采条件，对块石料分类提出三种规格：①一般石渣（称小石）。块石粒径（折算为球体直径，下同）小于 0.4m，重量小于 90kg 的块石石渣混合料。开采时控制粒径 0.2～0.3m、重量 15～40kg 的块石在石渣中的含量大于 60%。②中等块石料（称中石）。块石粒径 0.4～0.7m、重量 90～500kg 的规格石料。为便于备料，可用中小石渣代替，但需控制粒径大于 0.5m、重量大于 170kg 的块石在石渣中的含量大于 60%。③大块石料（称大石）。块石料径大于 1.0m、重量大于 1.4t 的大块体石料。

3) 非龙口段进占抛投材料粒径选择。根据两岸非龙口段进占过程中，束窄口门可能出现的最不利的水力条件计算块石粒径，再通过水工模型试验验证后确定。截流戗堤非龙口段进占抛投材料重量按当旬 5%频率旬平均流量相应的流速值计算，并用当旬 5%频率最大流量相应的流速值校核戗堤裹头的抗冲稳定。按水流作用及抛投材料稳定机理，进占抛投材料的选择和裹头防冲材料的校核可分别按止动和起动条件来控制。截流抛投材料重量可先按式（2-1）、式（2-2）计算，并参照类似工程实践资料初选，最后依据水工模型进占抛投试验成果确定。抛投试验中取块体稳定率不小于 80%。

立堵截流抛投体重量，迄今尚无严格的计算方法。目前仍沿用基于平堵抛投试验所提出的公式。

抛投体粒径：

$$d=\left[\frac{v_{\max}}{k\sqrt{2g\dfrac{\rho_m-\rho}{\rho}}}\right]^2 \qquad (2-1)$$

抛投体重量：

$$W=\frac{\pi}{6}d^3\rho_m \qquad (2-2)$$

式中 d——折算成圆球体的直径，m；

$v_{\max}$——最大流速，计算时取龙口轴线平均流速，m/s；

k——综合稳定系数，通过试验取得；

g——重力加速度，取 9.81m/s^2；

ρ——水的密度，取 1.0t/m^3；

ρ_m——抛投体密度，块石取 2.6t/m^3，混凝土块取 2.4t/m^3；

W——立堵截流抛投体重量，t。

迄今对于立堵截流中各种型式抛投体 k 值的试验研究尚显不足，对于平堵截流中各种型式抛投体 k 值的试验研究国内外已做了大量工作，提出比较确切的数据。常用的几种抛投体 k 值见表 2-8 和表 2-9，供初步计算时使用，宜根据工程条件进一步通过试验研究加以修正。

表 2-8　立堵截流综合稳定系数 k 值

稳定条件 / k / 抛投体种类	动水抛投进占（止动条件）	裹头抗冲稳定校核（起动条件）	备注
块石	0.9	1.02	葛洲坝工程大江立堵截流龙口局部模型试验成果
混凝土立方体	0.57	1.08	
混凝土四面体	一般 0.68～0.7，个别情况最小 0.63，最大 0.72		

表 2-9　平堵截流综合稳定系数 k 值

稳定条件 / k / 抛投体种类	动水抛投进占（止动条件）	裹头抗冲稳定校核（起动条件）	备注
块石	0.9	1.2	葛洲坝工程大江截流试验成果
混凝土四面体	0.5	1.3	
混凝土六面体	0.57	1.38	

考虑到实际合龙施工条件与水力计算或水工试验条件有所差异并计及某些不可预计的因素，对于计算或试验给出的合龙过程中最大抛投体重量尚需考虑一定的安全储备，通常取其 1.2～1.5 倍作为实用最大抛投体重量。

根据不同的水力条件，按不同分区使用不同抛投材料是加快截流进度、节约材料的有效措施。各项抛投料中，以一般石渣和块石的使用量最大，这些石料有利于就地取材。为增强抛投材料的稳定性，在选用时需要注意以下几点：

A. 密度对块体稳定起举足轻重的作用。在同样的水力条件下，由式（2-1）得知 $(\rho_m-1)d=C$（C 为常数）。当采用不同密度材料时，则粒径的比值为：$d_1/d_2=(\rho_{m2}-1)/(\rho_{m1}-1)$。因此所需的材料重量比 $W_1/W_2=\rho_{m1}(\rho_{m2}-1)^3/[\rho_{m2}(\rho_{m1}-1)^3]$。例如，在同样的水力条件下，采用了两种抛投材料，一种是白垩石，$\rho_{m1}=2.1$t/m^3；另一种是玄武石，$\rho_{m2}=2.9$t/m^3。则第 1 种与第 2 种块石的重量比 $W_1/W_2=2.1\times(2.9-1)^3/[2.9\times(2.1-1)^3]=3.73$。这就意味着当采用白垩石为抛投材料时，它要比玄武石重近 4 倍才能取得同样的稳定性。因此在选用材料时，不能忽视密度对稳定的影响。

B. 要重视改善抛投材料形状。由式（2-1）、式（2-2）得知，抛投料重量 W 与流速 v 的 6 次方成正比，即 $W=Cv^6$。由此得知，仅靠增大抛投料重量，对提高抵抗流速的能力有限。因此要重视改善抛投材料形状，如提高材料透水性、减小阻水性、降低块体重心等，以达到增强抛投料稳定性的目的。

（5）非龙口段进占抛投各种材料数量的计算依据。

1）非龙口段进占抛投材料，按施工期当旬5%频率旬平均流量相应的水力学指标计算块石粒径，并用当旬5%频率最大流量相应的水力指标核算其块石的抗冲稳定。

2）非龙口段进占抛投材料数量按设计的戗堤断面计算，并按进占过程中抛投料的10%计为流失量。

3）非龙口段进占过程中，戗堤断面范围内河床覆盖层未护底时按冲刷50%计入抛投量。

2.4.2 龙口段进占程序及抛投材料

龙口段进占程序及抛投材料以立堵截流为例进行说明。

（1）龙口段进占程序。

1）进占施工区段的划分。截流戗堤龙口段无论从两岸同时抛投进占合龙还是从一岸抛投进占合龙，均根据合龙过程中龙口不同宽度下的口门流速、落差等水力学指标，一般将龙口段划分为3～4个施工区段，以便于施工时控制抛投材料及采用相应的抛投技术。

2）龙口段进占程序。截流戗堤龙口段采用两岸进占时，其施工区段为从两岸双向梯形断面至龙口中部三角形断面的区域，其进占程序可参考图2-5。

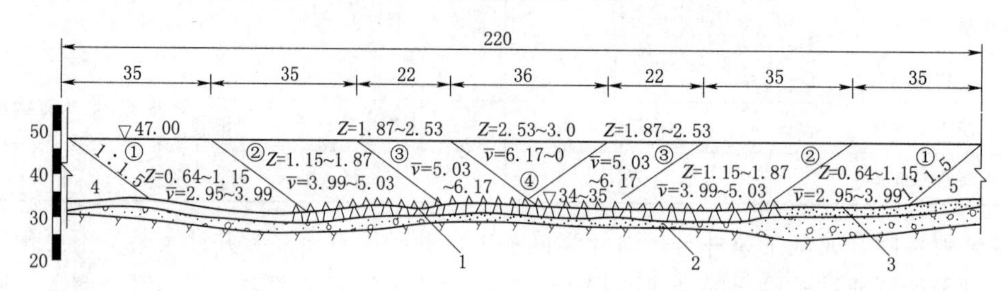

图2-5 葛洲坝工程大江截流龙口进占程序（长度单位：m）

1—拦石坎护底；2—原河床地面线；3—预先抛石顶面线；4—右岸非龙口段；5—左岸非龙口段；①～④—抛投顺序

（2）龙口段进占水力学条件。

1）龙口水力特征。

A. 龙口合龙过程中，分流建筑物已泄流，河道流量从分流建筑物和截流龙口同时向下游宣泄。龙口开始进占时，口门较宽，水流仍为明渠流。由于戗堤进占时，使过水断面在水平方向上收缩，产生局部能量损失，同时，过水断面减小，流速加大，部分势能变成动能形成水面跌落，出现宽顶堰水流状态，属于宽顶堰流。

B. 两岸戗堤进占伸入河道中，使水流被束窄，流速加大，口门中部形成的集中收缩的主流直冲下游，呈三向水流。在两岸戗堤头部作用下，形成带有漩涡的分离线，把龙口水域分成回流区、紊动区、主流区。堤头上挑角挑开主流，在堤头中部及下游处形成回流。

C. 随着两岸戗堤进占，龙口逐渐束窄，落差增大，口门水流流态由淹没流变为非淹

没流。最大流速出现在淹没流过渡到非淹没流的临界状态时，龙口断面束窄到三角形过水断面后，口门纵向水面线上段趋于平缓，流速也降低较快，龙口合龙时，流速趋于零，但落差最大。

2）龙口段进占水力学计算。龙口段进占水力学计算求得合龙过程中不同口门宽度的水力学指标，据此计算不同施工区段的抛投材料。

（3）龙口段进占抛投材料。

1）龙口段抛投材料规格。根据截流合龙过程水力条件变化情况，划分截流区段，各区段抛投材料块径按该区段可能出现的最不利水力条件计算，参照国内外类似工程实际经验，结合工程的施工机械及抛投技术条件，并通过水工模型试验验证综合分析确定。截流龙口段抛投材料应尽量利用主体工程基础开挖料或围堰拆除料，不足部分则另辟料场开采或制备。截流抛投材料一般的规格有以下几种，并分类备存：

A. 石渣料。要求岩性坚硬，不易破碎和水解，一般粒径 0.5～80cm，其中粒径 20～60cm 的块石含量大于 50%，粒径 2cm 以下含量小于 20%。

B. 中小石。粒径 0.3～0.7m（重量 40～480kg）的块石，备料可按粒径大于 0.4m、重量大于 170kg 的块石含量大于 50%的石渣料控制。

C. 大块石。粒径 0.7～1.3m，重量 0.48～3t 的块石。

D. 特大块石。粒径 1.3～1.6m 以上，重量大于 3～5t 的块石。串体一般 3～5 块一串。

E. 如果特大块石备料困难，可制备一定重量的混凝土块体（四面体或六面体）、钢架石笼或钢丝石笼来代替。如三峡导流明渠截流工程中，上游截流龙口部位加糙垫底采用外形尺寸为 2.5m×2.5m×2.5m（长×宽×高）成型的钢架石笼，单个石笼重 23.5t；下游截流戗堤后期要求拆除，其抛投材料采用钢丝网兜装中小石，每个石兜按 5～10t 设计，分为两种型号：一种为可起吊抛投（重 10t），主要用于裹头、垫底；另一种为自卸汽车端抛（重 5t），主要用于进占抛投。钢丝直径采用 2mm，抗拉强度 1300N/mm^2。

F. 为增加截流抛投材料的抗冲稳定性，可根据需要制备一定量的异型体，如钢筋混凝土立体架、钢筋混凝土构架等。

迄今人工抛投材料中使用最广泛的是混凝土四面体和混凝土立方体。为了提高戗堤透水性，增强抛投材料的稳定性，钢筋混凝土立体架和钢筋混凝土构架具有优越性。常见的人工抛投材料型式与尺寸见图 2－6 与表 2－10。

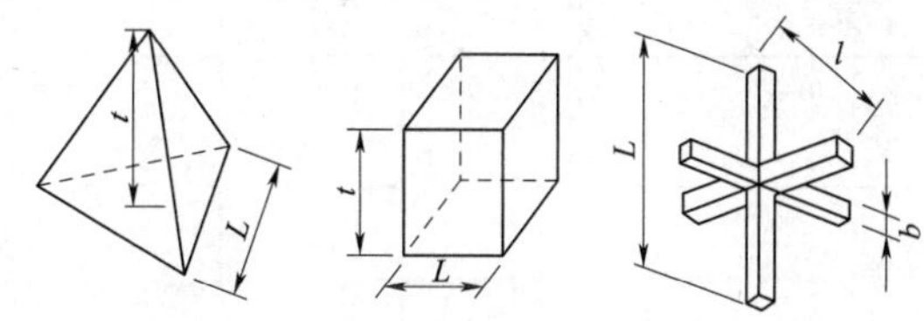

（a）混凝土四面体　（b）混凝土立方体　（c）钢筋混凝土立体架

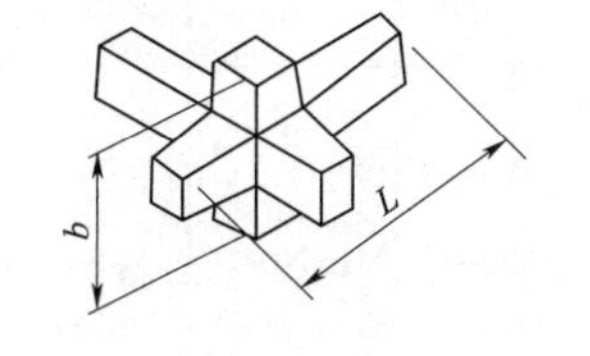

（d）钢筋混凝土构架　（e）空心四面体

图 2－6　常见的人工抛投材料型式

2）龙口段抛投材料粒径计算。抛投材料粒径计算同非龙口段。对大中型截流工程，计算抛投材料粒径尚需通过水工模型试验验证。

表 2-10　　常见的人工抛投材料型式与尺寸

项　目	抛投材料型式			
	混凝土四面体	混凝土立方体	钢筋混凝土立体架	钢筋混凝土构架
重量/t	$0.28a^3$	$2.4a^3$	1.00	0.5
体积/m^3	$0.117a^3$	a^3	0.42	0.19
折合球体直径 d/m	0.606a	1.24a	0.93	0.7
L/m	a	a	2.25	1.6
b/m			0.25	0.8
t/m	0.815a	a	1.60	

3）葛洲坝工程大江截流龙口段抛投材料选择分析。葛洲坝工程大江截流按龙口轴线最大平均流速 6.1m/s 计算，求得混凝土四面体重 20t，实际采用 25t。对设计计算确定的截流戗堤各区段抛投物料的块径及数量，均通过 1∶100 和 1∶60 整体模型试验验证。试验资料表明，计算的抛投材料的块径及数量是安全的，为了选择截流合龙时使用的最大块体重量，在 1∶80 局部龙口模型和 1∶60 整体模型，采用单个抛投、10 个一组群体抛投、上挑角出水抛投、困难段（龙口宽 80m 至合龙）合龙全过程抛投等方法进行大量的抛投试验研究。试验结果表明：抛投材料吨位及其稳定性受多种条件影响，特别是受龙口护底与否影响最大。在龙口护底的条件下，采用 15t、25t 混凝土四面体，从群体稳定角度分析，不同吨位块体稳定效果相差不大。用各种方法统计，大致都可以保证 80%～90%的块体稳定在戗堤轴线上游。就群体作用而言，无论使用 15t、25t 混凝土四面体，模型试验均可合龙，虽所需块体个数不同，但其总吨位则是相近的。当然，块体增大其稳定性略有增大。实际合龙过程实测水力指标及抛投材料稳定情况见表 2-11。据合龙后实测基坑水下地形图分析，在该区段内抛投材料流失量仅为 3%，说明抛投材料重量选择是安全的。

表 2-11　　葛洲坝工程大江截流龙口段合龙过程实测水力学指标及实际抛投材料稳定情况

时　间	口门宽度/m	流量/(m^3/s)	堤头落差/m		龙口流速/(m/s)		抛投材料稳定情况
			左堤头	右堤头	轴线平均流速	最大表面流速	
1月3日23：30—4日7：30	112～70	2800～2200	1.78～2.40	1.57～2.30	4.4～4.6	6.25～6.5	用 3～5t 大块石挑角，下游侧石渣可以进占
1月4日7：30—11：30	70～46	2200～1530	2.40～2.70	2.30～2.80	4.6～4.8	6.5～7.0	在轴线上游抛 15t、25t 混凝土四面体及大块石形成挑角。轴线附近抛 15t 混凝土四面体可见堤角附近淹没
1月4日11：30—15：30	46～24	1530～400	2.70～3.00	2.80～3.08	4.7～4.8	7.0～7.5	在轴线附近抛 25t 混凝土四面体冲移 10～20m 后淹没水中，右堤头在轴线上角抛 16 块 25t 混凝土四面体及 6 块 15t 混凝土四面体形成挑角

续表

时　间	口门宽度/m	流量/(m^3/s)	堤头落差/m		龙口流速/(m/s)		抛投材料稳定情况
			左堤头	右堤头	轴线平均流速	最大表面流速	
1月4日 15：30—18：00	24～10	400～250	3.00～3.28	3.08～3.73	4.3～4.7	7.5	大块石串（3～4块一串，重10～15t）及混凝土四面体7串（2～4块一串，重50～75t）在急流中均能稳定

4）截流抛投材料块体重量计算要点。

A. 截流抛投材料块径计算采用的流速。据模型试验资料，小回流区前端局部最大流速与戗堤轴线最大平均流速较为接近。由此验证按公式计算抛投材料块径的流速取戗堤轴线断面平均流速是可行的。

B. 综合稳定系数。综合稳定系数数据主要取决于抛投材料的形状及抛投时的边界条件（包括物理、水力等因素）。

C. 截流抛投方式及抛投材料形状对块体稳定的影响。立堵截流抛投块体的稳定受戗堤端部坡脚的水力条件影响较大。由于受侧向收缩的影响，堤头端部坡脚前沿上游角断面的流速值为戗堤轴线流速值的65%～75%，因此，在轴线上游前沿角抛投块体容易稳定。

5）龙口段进占各种抛投材料数量计算的依据。

A. 龙口段进占抛投材料数量按设计的戗堤断面计算，并按进占过程中抛投材料的20%计入流失量。

B. 龙口段进占过程中，戗堤断面范围内未护底河床覆盖层按冲刷100%计入抛投量。

C. 龙口段按每一区的最大流速计算抛投块石尺寸，截流块石料的级配按 $k=0.9$（k 为综合稳定系数）算出的块石直径占20%，按 $k=1.2$ 算出的块石直径占60%，其他粒径占20%。

D. 龙口段流速较大的区，用 $k=0.9$ 算出所需块石直径较大而实际开采较困难时，需考虑采用混凝土块体或钢筋（铅丝）石笼代替。在未取得水工试验资料前，代替块体数量可暂按该区抛投量的40%计，作为该区抛投量以外的附加量，另配相应的施工设备。

E. 大块石及常用的两种混凝土块体组成戗堤空隙率及实用单位虚实系数见表2-12。钢筋（铅）石笼空隙率及实用单位虚实系数目前没有详细的测算资料，可参照混凝土立方体选用。

表2-12　　　　不同材料空隙率及实用单位虚实系数

类　别	组成戗堤空隙率/%	实用单位虚实系数	备　注
块石	35	1.35	实际上，混凝土块体之间的空隙均已填充不同粒径的块石
混凝土立方体	45	1.3	
混凝土四面体	50	1.3	

2.5 截流水力学计算

河道截流过程中，随着立堵龙口宽度的束窄或平堵龙口堆筑体的升高，龙口流量和泄水建筑物的分流量都在随时间而变化。大流量河道截流历时较长，河道流量也在变化。因此，严格地讲截流过程中的河道水流在水力学上属半恒定流，但考虑上述变化率一般较小，在所划分的截流时段，其可近似看作恒定流。截流设计流量（河道流量）在截流过程中分为四部分：

$$Q=Q_g+Q_d+Q_r+Q_S \tag{2-3}$$

式中 Q——截流设计流量，m^3/s；

Q_g——龙口泄流量，m^3/s；

Q_d——分流建筑物泄流量，m^3/s；

Q_r——上游河槽调蓄流量，m^3/s；

Q_S——截流戗堤渗流量，m^3/s。

截流设计水力计算时，可将 Q_r 与 Q_S 作为安全裕度，一般可不予计入，按式（2-4）计算。若需要计入，可参考有关专著。

$$Q=Q_g+Q_d \tag{2-4}$$

2.5.1 立堵截流水力学计算

1. 截流戗堤非龙口段束窄河床进占水力学计算

非龙口段进占各阶段，截流流量均自束窄口门通过。需通过水力学计算以验证束窄河床之落差和流速；计算龙口护底、裹头所承受的平均流速以及其他有关计算。

戗堤上下游落差：

$$z=\frac{1}{\varphi^2}\frac{v^2}{2g}-\frac{v_0^2}{2g} \tag{2-5}$$

其中：

$$v=Q/\omega_c$$

$$v_0=Q/\omega_0$$

$$\omega_c=h_P(B_P-Sh_P)$$

式中 v——束窄断面平均流速，m/s；

v_0——天然河床断面平均流速，m/s；

ω_0——天然河床断面面积，m^2；

ω_c——束窄河床断面面积，m^2；

φ——流速系数，在未取得实验数据前取 0.85～0.9；

h_P——束窄断面平均水深（自下游水位 $H_下$ 算起），m；

B_P——束窄断面水面宽，m；

S——戗堤轴线方向的边坡坡度，取 1.5。

2. 截流戗堤龙口段进占水力学计算

（1）求算泄水建筑物（包括永久泄水建筑物以及为截流增设的分流建筑物）的上游水

位（$H_{上}$）-泄流量（Q_d）关系曲线。

（2）求算不同龙口宽度的 $H_{上}$-Q_g（龙口泄流量）关系曲线。

计算基本假定为：①不计戗堤渗透流量及水库调蓄对上游水位的影响；②视龙口为梯形或三角形过水断面的宽顶堰。

计算基于简化的宽顶堰理论。即假定：槛顶水面是平的，忽略波状水面的影响；非淹没流时槛上水深取为临界水深（$h_P=h_k$）；淹没流时槛上水深取为下游水深（$h_P=h_n$），不计回弹落差。

根据截流设计流量相应的下游水位，在固定此下游水位的情况下，假定不同的龙口宽度，分别求出上游水位与龙口泄流量的关系曲线。计算方法及有关规定如下：

1）淹没流计算：

$$Q_g=\sigma_n m B_{cp}\sqrt{2g}H_{上}^{3/2} \tag{2-6}$$

其中：
$$B_{cp}=Sh_n+b$$

式中 m——考虑收缩影响在内的流量系数，一般取 0.30～0.32；

σ_n——淹没系数，其值与淹没界限有关：当龙口呈梯形过水断面时，$h_n/H_{上}\geqslant 0.7$ 时为淹没流，查巴甫洛夫斯基淹没系数表（见表 2-13）；当龙口呈三角形过水断面时，$h_n/H_{上}\geqslant 0.8$ 为淹没流，查别列津斯基淹没系数表（见表 2-14）；

B_{cp}——口门平均水面宽，m；

b——龙口底部宽度，m；

h_n——龙口下游水深，m；

$H_{上}$——龙口上游水深，m。

表 2-13　巴甫洛夫斯基淹没系数表

$h_n/H_{上}$	0.70	0.75	0.80	0.83	0.85	0.87	0.90	0.92	0.94
n	1.000	0.974	0.928	0.889	0.855	0.815	0.739	0.676	0.598
$h_n/H_{上}$	0.95	0.96	0.97	0.98	0.99	0.995	0.997	0.998	0.999
n	0.552	0.499	0.436	0.360	0.257	0.183	0.142	0.116	0.082

表 2-14　别列津斯基淹没系数表

$h_n/H_{上}$	0.80	0.82	0.83	0.84	0.85	0.86	0.87	0.88	0.89
n	1.00	0.99	0.98	0.97	0.96	0.95	0.93	0.90	0.87
$h_n/H_{上}$	0.90	0.91	0.92	0.93	0.94	0.95	0.96	0.97	0.98
n	0.84	0.82	0.78	0.74	0.70	0.65	0.59	0.50	0.40

2）非淹没流计算：

$$Q_g=mB_{cp}\sqrt{2g}H_{上}^{3/2} \tag{2-7}$$

其中：
$$B_{cp}=Sh_k+b$$

式中 m——考虑收缩影响在内的流量系数，一般取 0.30～0.32；

B_{cp}——口门平均水面宽，m；

h_k——临界水深，m；

其他符号意义同上。

Q_g 与 h_k 均为未知，需通过试算。

当口门为梯形过水断面时，由式（2-8）试算得 Q_g：

$$Q_g^2/g = W_k^3/B_k \tag{2-8}$$

式中 B_k——临界水深 h_k 时相应的口门过水断面宽度，m；

W_k——临界水深 h_k 时相应的口门过水断面面积，m^2。

当口门呈三角形过水断面时，临界水深由式（2-9）求得

$$h_k = (2Q_g^2/gS^2)^{1/5} \tag{2-9}$$

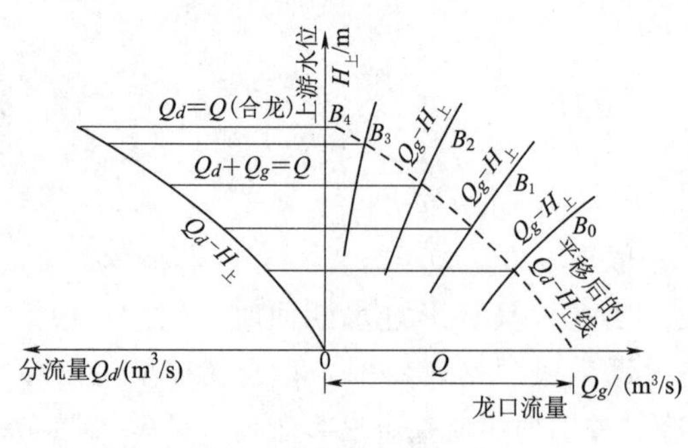

图 2-7 立堵水力计算图解法

由（1）、（2）两项计算成果一并绘成综合泄水曲线（见图 2-7）。

（3）不同龙口宽的水力特性。立堵截流是自一端或两端分若干区段进占，为此需求算不同龙口宽的水力特性。从而绘制龙口落差 Z、龙口平均单宽流量 q、龙口平均流速 v 以及龙口水流单宽能量 N 与龙口宽度 B 的关系曲线。据此可估算不同进占区段的抛投材料规格与数量。

当截流设计流量（Q）已定，利用综合泄水曲线图 2-7 很容易得出相应于某一龙口宽度 B 的上游水位（$H_上$）以及泄水建筑物和龙口分泄量 Q_d 和 Q_g。得知上游水位 $H_上$ 及龙口分泄量 Q_g，用表 2-15 分别计算各项水力指标。

表 2-15　　龙口不同宽度的水力特性计算表

①	②	③	④	⑤	⑥	⑦	⑧	⑨	⑩
龙口宽/m	上游水位/m	龙口流量/(m³/s)	流态	龙口水深/m	龙口平均水面宽/m	龙口平均单宽流量/[m³/(s·m)]	龙口平均流速/(m/s)	龙口落差/m	龙口水流单宽能量/[(t·m)/(s·m)]
B	$H_上$	Q_g		h_P	B_{cp}	$q=Q_g/B_{cp}$	$v=q/h_p$	Z	$N=\rho qZ$

注 1. 项目④用来表示河道水流为淹没流还是非淹没流。

2. 项目⑤淹没流时取 $h_p=h_n$，非淹没流时取 $h_p=h_k$。

3. 项目⑥梯形断面时 $B_{cp}=Sh_p+b$，三角形断面时 $B_{cp}=Sh_p$。

4. 项目⑨淹没流时 $Z=H_上-h_n$，非淹没流时 $Z=H_上-h_p$。

5. ρ 为水的密度，取 1.0t/m³；Z 为龙口落差，m。

由以上计算成果，绘出 $q-B$，$v-B$，$Z-B$，$N-B$ 等水力特性曲线（见图 2-8）。

3. *双戗堤立堵截流水力学计算要点*

双戗堤截流问题相当复杂，其核心问题是两条戗堤上的落差分配。原则上可按两个单戗计算，但应区分如下两种情况。

（1）双戗间距较大。其特点是上戗龙口下泄水流已经扩散完毕或接近扩散完毕才遇到下戗的约束。此时两个龙口的泄流能力和落差均可用单戗立堵计算。当河床糙率和比降不

太大时，下戗上游的水位，可近似当作上戗的下游水位。如果天然河床糙率比降较大，则应推算区间水面线，计及相应的能量损失。

（2）双戗间距较小（见图2-9）。其特点是上戗龙口下泄水流未充分扩散就流过下戗龙口，计算下游龙口的泄水能力时仍可用上述方法，但应计及行近流速水头［$v_{02}{}^2/(2g)$］的影响。v_{02}按式（2-10）计算：

$$v_{02}=\frac{Q_g}{B_{02}(h_s+Z_2)} \tag{2-10}$$

其中：
$$B_{02}=B_s-B_x$$

式中 B_s——河道宽度，m；

B_x——下游龙口计及流速水头处水面宽度，m，其值取决于迴流边线形状（见图2-9）。

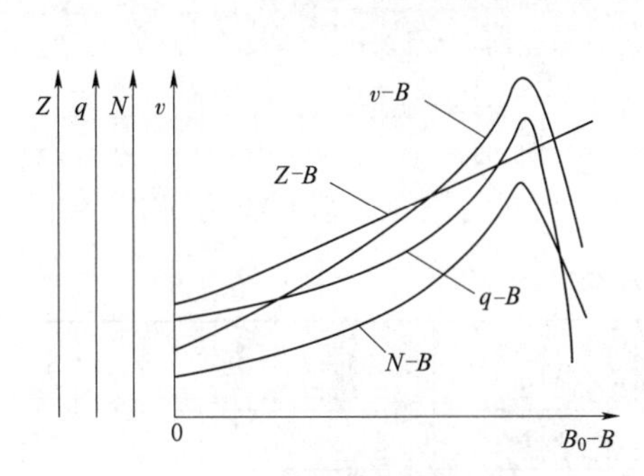

图2-8 立堵截流水力特性曲线

Z—落差，m；q—单宽流量，$m^3/(s\cdot m)$；N—单宽功率，$(t\cdot m)/(s\cdot m)$；v—龙口平均流速，m/s；B_0—龙口宽度，m；B—截流过程中龙口宽度，m

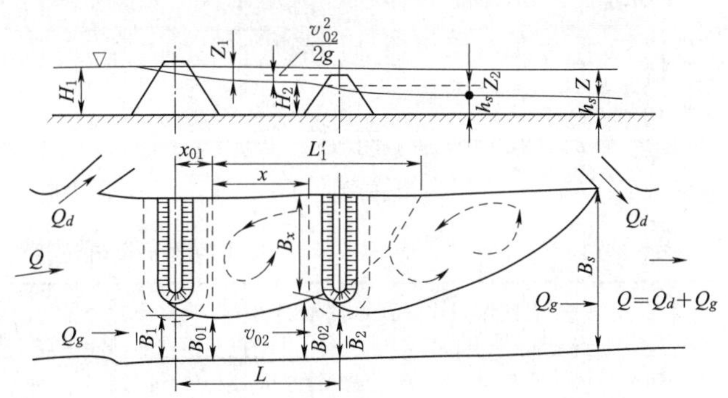

图2-9 双戗间距较小时的水流流态

x_{01}—上游戗体宽度的一半；x—上游戗体与下游戗体之间的距离；L_1'—上游戗体到下游戗体的迴流边线的距离

双戗截流的主要目的是分散落差，除低龙口流速。因此，设计时应使上游龙口水流为淹没流，否则，下戗堤壅水不起作用。

2.5.2 平堵截流水力学计算

（1）截流戗堤非龙口段束窄河床进占水力计算。平堵截流戗堤非龙口段束窄河床进占水力计算同立堵截流戗堤非龙口束窄河床进占水力计算。

（2）截流戗堤龙口段进占水力计算。

1）分流建筑物泄水曲线计算。根据分流建筑物型式及布置方案，按截流设计流量相应的下游水位，在固定此下游水位时分别求出上游水位（$\nabla_{上}$）与分流建筑物泄流量（Q_d）关系曲线。

2）龙口不同抛投高程泄水曲线计算。计算基本假定为：①不计戗堤渗透流量及水库调蓄对上游水位的影响；②视龙口为梯形过水断面的宽顶堰。根据截流设计流量相应的下游水位$\nabla_{下}$，在固定此下游水位时，假定不同的龙口抛投高程，求出上游水位（$\nabla_{上}$）与龙口泄流量（Q_g）的关系曲线。

按宽顶堰公式计算龙口泄流量：

$$Q_g=\sigma_n B_{cp}\sqrt{2g}\,h_{上}^{3/2} \tag{2-11}$$

其中：

$$B_{cp}=SH_{上}+b$$

式中　m——流量系数；

B——龙口宽度；

B_{cp}——龙口平均水面宽度；

S——戗堤轴线方向的边坡坡度；

$H_{上}$——龙口上游水深；

b——龙口底部宽度；

H_p——龙口下游水深；

$h_{上}$——龙口抛投体顶部上游水深，$h_{上}=\nabla_{上}-\nabla_H$；

$h_{下}$——龙口抛投体顶部下游水深，$h_{下}=\nabla_{下}-\nabla_H$；

∇_H——龙口抛投体顶部高程；

σ_n——淹没系数。

m 和 σ_n 均随 $h_{下}/h_{上}$ 而变（见表 2-16）。龙口流态的判别：$(h_{下}/h_{上})>0.5$ 为淹没流；$(h_{下}/h_{上})<0.5$ 为自由流；$(h_{下}/h_{上})=0.5$ 为临界流。绘制的综合池水曲线见图 2-10。

表 2-16　　　　淹没系数 n 及流量系数 m 值

$\left(\frac{h_{下}}{h_{上}}\right)$	$\left(\frac{h_{下}}{h_{上}}\right)^8$	$\sigma_n=1-\left(\frac{h_{下}}{h_{上}}\right)^8$	m	$\left(\frac{h_{下}}{h_{上}}\right)$	$\left(\frac{h_{下}}{h_{上}}\right)^8$	$\sigma_n=1-\left(\frac{h_{下}}{h_{上}}\right)^8$	m
0.5	0.0039	0.9961	0.438	0.8	0.1678	0.8322	0.394
0.55	0.0084	0.9916	0.435	0.85	0.2725	0.7275	0.369
0.6	0.0168	0.9832	0.432	0.9	0.4305	0.5695	0.35
0.65	0.0319	0.9681	0.425	0.95	0.6634	0.3366	0.35
0.7	0.0576	0.9424	0.418	1	1	0	0.35
0.75	0.1001	0.8999	0.406				

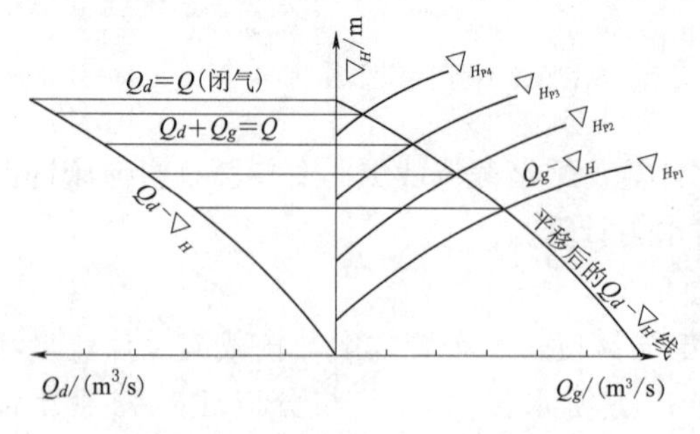

图 2-10　平堵水力计算图解法

（3）龙口不同抛投高程的抛投水力指标计算。

1）龙口在不同抛投高程的泄流量。根据截流设计流量，在分流建筑物和龙口不同抛投高程联合泄水曲线上，查得龙口某抛投高程的上游水位$\nabla_{上}$和龙口的泄流量 Q_g。

2）龙口不同抛投高程的单宽流量。

$$q=\frac{Q_g}{B_{cp}} \tag{2-12}$$

式中　Q_g——龙口某一抛投高程的分泄流量；

B_{cp}——龙口某一抛投高程的平均水面宽度。

3）龙口不同抛投高程的平均流速。龙口流态淹没界限仍按 $(h_{下}/h_{上})>0.5$ 淹没流，$(h_{下}/h_{上})<0.5$ 为自由流来判定。

淹没流：

$$v=\varphi\sqrt{2gZ} \tag{2-13}$$

式中　φ——流速系数，块石 $\varphi=0.9\sim0.92$，混凝土四面体 $\varphi=0.7\sim0.8$；

Z——龙口某一抛投高程的上、下游水位差，$Z=\nabla_{上}-\nabla_{下}$。

自由流：

$$\overline{v}=\frac{q}{h_k} \tag{2-14}$$

式中　q——龙口某一抛投高程的单宽流量；

h_k——临界水深，按式（2-15）计算。

$$h_k=\sqrt[3]{\frac{q^2}{g}} \tag{2-15}$$

4）龙口抛投过程中的最大平均流速。平堵截流由实践及实测资料证明，抛投体溢流由淹没流过渡到非淹没流时出现最大流速。此时的落差：

$$Z\approx\frac{h_{上}-h_{下}}{2}\approx\frac{Z_{max}}{2} \tag{2-16}$$

由式（2-13）得

$$v_{max}=\varphi\sqrt{2g\frac{Z_{max}}{2}} \tag{2-17}$$

5）龙口不同抛投高程的最大单宽能量。

$$N=kq\rho Z \tag{2-18}$$

式中　k——抛投不均匀系数，采用 $k=2$；

Z——龙口某一抛投高程上、下游水位差，m；

ρ——水密度，取 $\rho=1t/m^3$；

q——龙口某一抛投高程的单宽流量，$m^3/(s\cdot m)$。

以上各项计算，均可列表进行（见表 2-17）。

由计算成果绘出 $q=f(\nabla_H)$；$v=f(\nabla_H)$；$z=f(\nabla_H)$ 等水力特性曲线（图2-11）。根据 q 和 Z 则可绘制单宽能量曲线。

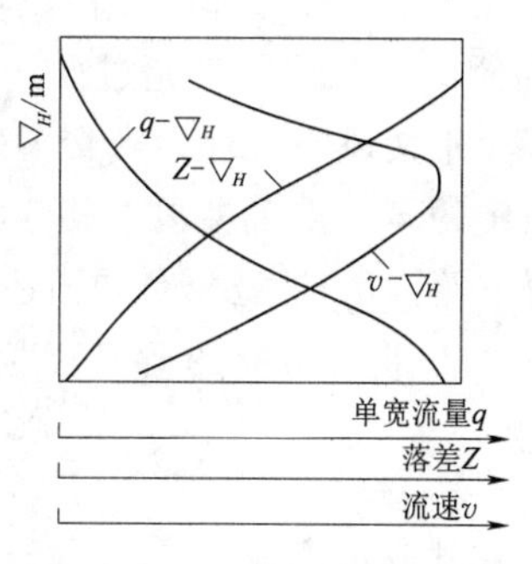

图 2-11　平堵截流水力特性曲线

表 2-17　　**龙口水力特性计算表**

(1)	(2)	(3)	(4)	(5)	(6)	(7)	(8)	(9)	(10)	(11)	(12)	(13)	(14)
抛投高程/m	龙口底宽/m	上游水位/m	抛投体顶部上游水深/m	下游水位/m	抛投体顶部下游水深/m	抛投体顶部下游水深与上游水深的比值	流态	龙口平均水面宽/m	龙口流量/(m^3/s)	龙口平均单宽流量/[m^3/(s·m)]	龙口平均流速/(m/s)	龙口落差/m	龙口水流单宽能量/[(t·m)/(s·m)]
H	b	$\nabla_{上}$	$h_{上}$	$\nabla_{下}$	$h_{下}$	$h_{下}/h_{上}$		B_{cp}	Q_g	q	v	Z	P

2.6　截流风险分析

截流是水利水电工程兴建过程中的关键环节之一，它的成败直接关系到工程的造价和进度，甚至关系到下游人民生命财产的安全。特别是在大流量、高流速的大河流上截流，其成败更显得重要，截流的失败甚至会使整个工程失败。

在施工截流中，确定截流设计流量是首要任务。只有确定了截流设计流量，才能进行后续水文计算，确定截流戗堤的高程、截流材料的类型、尺寸以及所需数量，最终确定施工截流的具体方案。然而，由于河道来水流量以及导流建筑物的导流能力的不确定性因素影响，按照施工截流方案进行施工，并不能保证施工截流成功，它存在着截流失败的风险。截流风险与截流设计流量大小相互制约。若截流设计流量大，设计标准高，则造成不必要的经济损失；若截流设计流量小，设计标准低，则增大截流风险，甚至可能造成更大的经济损失。截流风险分析的主要目的是在保证截流安全的前提下，降低设计标准，减少截流费用。

2.6.1 风险分类

（1）按产生原因划分。产生施工截流风险的因素很多，截流风险按照产生原因可分为水文风险、水力风险和其他风险。

1）水文风险。按照天然河道某一重现期流量值作为截流设计流量，截流系统就必然存在风险。根据《水电工程施工组织设计规范》（DL/T 5397—2007），若选择5年一遇的月或旬平均流量作为截流设计标准，虽然河道的实际流量小于设计流量的概率很大，但仍然有20%的可能性超过设计流量，从而引发风险。

水文风险表现为水文不确定，而水文不确定主要体现在流量Q，流量Q采用截流时段中的多年重现洪水，其分部一般采用P-Ⅲ型分布，也有采用对数正态分布和极值-Ⅰ型分布等，P-Ⅲ型分布的描述如下。

P-Ⅲ型分布的概率密度函数为

$$f(Q)=\frac{\beta^{\alpha}}{\Gamma(\alpha)}(Q-b)^{\alpha-1}\exp[-\beta(Q-b)] \quad (b<Q<+\infty) \tag{2-19}$$

其分布函数为

$$F(Q)=\frac{\beta^{\alpha}}{\Gamma(\alpha)}\int_{b}^{Q}(x-b)^{\alpha-1}\exp[-\beta(x-b)]\mathrm{d}x \tag{2-20}$$

其中：$b=m_Q(1-2C_V/C_S)$；$m_Q=\frac{1}{n}\sum_{i=1}^{n}Q_i$；$\alpha=4/C_S^2$；$\beta=2/(m_Q C_S C_V)$

式中　m_Q——年洪峰流量系列均值；

C_V——变差系数；

C_S——偏差系数。

2）水力风险。截流过程或截流成功后，部分水流或全部水流要从泄水建筑物中下泄。在泄水建筑物规模已定的情况下，由于泄水建筑物的施工、运行中不可避免地存在误差，计算所采用的水力模型也不尽合理以及模型、参数的不精确，使得导流系统实际泄流量达不到设计导流流量，由此导致龙口泄流量及落差过大而增加截流风险。

导流泄水建筑物通常为导流明渠或隧洞。对于隧洞过流，可分为明流和有压流。下面以断面为圆形的导流隧洞为例进行分析。

在有压恒定淹没出流时采用的计算公式：

$$Q=mA\sqrt{2gZ} \tag{2-21}$$

式中　Q——导流洞泄流量；

A——隧洞断面面积；

m——淹没出流时的流量系数；

g——重力加速度；

Z——上下游水位差。

当隧洞的断面为圆形时，式（2-21）可写成：

$$Q=\frac{1}{\sqrt{124.5\frac{n^2L}{d^{4/3}}+\zeta}}\frac{\pi d^2}{4}\sqrt{2gZ}=Q(n,L,d,\zeta,Z) \tag{2-22}$$

式中　n——糙率；

L——隧洞长度；

Z——局部水头损失系数之和。

对以上各水力因子 x_i，可以认为服从三角形分部，相应的有

$$\begin{cases}\overline{x}_i=\dfrac{a_i+b_i+c_i}{3}\\ C_{x_i}^2=\dfrac{1}{2}-\dfrac{a_ib_i+b_ic_i+a_ic_i}{6\overline{x}_i^2}\end{cases} \tag{2-23}$$

式中　a_i、b_i、c_i——x_i 的最小值、最可能值和最大值；

$\overline{x}_i$——各水力因素 x_i 的平均值。

则泄流量 Q 服从位置参数 $\mu_Q=\overline{Q}$ 和尺度参数 $\sigma_Q=C_Q\overline{Q}$ 的正态分布，$Q\sim N(\overline{Q},\ \sigma_Q^2)$。其中均值为

$$\overline{Q}=\frac{1}{\sqrt{124.5\frac{\overline{n}^2\overline{L}}{\overline{d}^{4/3}}+\overline{\zeta}}}\frac{\pi d^2}{4}\sqrt{2g\overline{Z}} \tag{2-24}$$

变差系数为

$$\begin{aligned}C_Q^2=&\frac{1}{4}C_Z^2+\left(\frac{124.5\overline{n}^2\overline{L}}{124.5\overline{n}^2\overline{L}+\overline{\zeta}\,\overline{d}^{4/3}}\right)^2C_n^2+\left(\frac{249\overline{n}^2\overline{L}+\overline{2}\,\overline{\zeta}\,\overline{d}^{4/3}}{124.5\overline{n}^2\overline{L}+\overline{\zeta}\,\overline{d}^{3/4}}\right)^2C_d^2\\&+\left(\frac{62.3\overline{n}^2\overline{L}}{124.5\overline{n}^2\overline{L}+\overline{\zeta}\,\overline{d}^{4/3}}\right)^2C_L^2+\left(\frac{\overline{\zeta}\,\overline{d}^{3/4}}{249\overline{n}^2\overline{L}+\overline{2}\,\overline{\zeta}\,\overline{d}^{3/4}}\right)C_\zeta^2\end{aligned} \tag{2-25}$$

当来流量较小时，隧洞过流又会出现明流状况。对于圆形断面隧洞，采用下式计算过流流量。

$$Q_d=\frac{A^{5/3}}{\chi^{3/2}}\frac{\sqrt{s}}{n} \tag{2-26}$$

式中　A——过水断面面积；

χ——湿周；

S——底坡；

n——糙率。

3）其他风险。其他风险还有施工队伍、施工组织调度、截流道路、机械设备条件等因素导致施工抛投水平的不确定性、渗流量不确定性、库容水位流量关系、河道水位流量

关系等不确定性因素。对于渗流量的确定有模型试验方法和水力计算方法等，由于影响渗流量的因素比较多，且难于考虑；同时，许多工程实测资料显示。截流过程中最大渗流量占到截流流量的3%～10%，随机因素对渗流量产生的变化对总的截流过程中龙口水力参数影响不太大，因此，对渗流量的不确定性暂不考虑。

在进行截流设计过程中对河道的调蓄作用都简化不予考虑，一方面是使设计偏安全，另一方面是调蓄作用对截流设计的影响不大。河道的调蓄作用主要在于库容流量，对它的不确定性不予考虑。

(2) 按影响结果划分。截流风险根据截流失败可能产生结果可分为冲刷风险、坍塌风险和进度风险。

龙口水流冲刷过强、抛投粒径不足或抛投能力过小，可能导致长时间进占效果不明显，动摇截流信心；戗堤坍塌严重，人员安全预防措施不到位，可能发生车辆落水、人员伤亡等安全事故，造成经济损失；抛投料流失严重、施工道路狭窄，可能拖延进度。这3种风险相互影响、相互作用。例如，龙口覆盖层在冲刷下大量流失导致戗堤大片倒塌，进而出现车辆人员落水等安全事故，而对人员的搜救工作，导致截流延迟，影响截流进度。

冲刷风险与龙口流速和抛投料的粒径有直接关系，用龙口轴线断面平均流速 $\overline{v}$ 表示风险变量。当实际平均流速 $\overline{v}$ 大于设计值 $\overline{v}_r$ 时，可导致冲刷风险。

研究表明，深水截流坍塌风险与龙口水深有直接关系，可取龙口轴线水深 H 表示坍塌风险的风险变量。当实际龙口轴线水深 H 大于临界水深 H_r 时，可导致严重的坍塌风险。

进度风险与施工队伍、施工组织、协调、调度、截流道路条件、机械设备条件等多种因素有关，归根结底最后都影响到龙口抛投强度，故可取平均抛投强度 $\overline{R}$ 表示进度风险的风险变量。当实际 $\overline{R}$ 小于设计值 $\overline{R}_r$ 时，可导致进度风险。

2.6.2 模型建立

截流能否成功还取决于所采用的截流材料能否抵抗龙口水流的冲刷。考虑自然流量的随机性和分流量的不确定性，若龙口泄流量也具有不确定性，则全龙口流量的变化是引起龙口流速和落差变化的主要因素。同时外龙口流速和落差还受到抛投强度、戗堤形状等因素的影响。所以龙口流量、流速或落差是反映众多不确定因素的综合性变量，适于作为风险率模型指标。

1. 以流量为指标的风险模型

河道任何时期的自然流量是一个随机变量。按照它的某一频率（重现期）的值来作为施工截流设计的流量标准，必定存在着风险，因而可以将流量作为一个重要评价指标来判断截流是否存在风险。

设功能函数：

$$g = Q_m - Q_s \tag{2-27}$$

式中 Q_m——考虑了水文、水力不确定因素的截流过程中各阶段龙口最大流量，它具有某种概率分布的随机变量；

Q_s——设计截流龙口进占期各阶段最大流量。

利用功能函数可以反映以下关系：

$$\begin{cases} g<0 & \text{系统没有风险} \\ g=0 & \text{系统处于临界状态} \\ g>0 & \text{系统存在风险} \end{cases} \tag{2-28}$$

设系统的风险率为 R，则 R 可用下式计算：

$$R=P(g>0)=\int_{Q_s}^{+\infty} f(Q_m)\mathrm{d}Q_m \tag{2-29}$$

式中　$f(Q_m)$——Q_m 的概率密度函数。

2. 以流速为指标的风险模型

从水力学单个材料稳定的概念来看，截流风险的本质是要看抛投材料能否抵抗得住龙口水流的冲刷。如果能则截流基本上能顺利完成；如果不能系统必然存在风险。根据伊兹巴斯稳定公式得

$$d=\frac{1}{2g\dfrac{\gamma_s-\gamma}{\gamma}}\left(\frac{v}{K}\right)^2 \tag{2-30}$$

式中　d——抛投材料粒径，m；

γ_s——抛石容重，kg/m^3；

γ——水容重，kg/m^3；

v——龙口水流速，m/s；

K——材料综合稳定系数。

若根据式（2-30）计算出的需要的抛投材料粒径 d 大于设计粒径 d_s，抛投材料不能抵抗龙口水流的冲刷，龙口各阶段的最大流速大于设计流速，则系统不稳定。

设功能函数：

$$g=v_m-v_s \tag{2-31}$$

式中　v_m——考虑了水文、水力不确定因素的截流过程中各阶段龙口最大流速，它最具有某种概率分布的随机变量；

v_s——设计截流各阶段龙口最大流速。

利用功能函数可以反映以下关系：

$$\begin{cases} g<0 & \text{系统没有风险} \\ g=0 & \text{系统处于临界状态} \\ g>0 & \text{系统存在风险} \end{cases} \tag{2-32}$$

设系统的风险率为 R，则 R 可用下式计算：

$$R=P(g>0)=\int_{v_s}^{+\infty} f(v_m)\mathrm{d}v_m \tag{2-33}$$

式中　$f(v_m)$——v_m 的概率密度函数。

3. 以落差为指标的风险模型

落差也可以作为判断抛石是否稳定的一个重要参数。落差 Z 与最大抛投材料粒径 d 有如下的对应关系：

$$d=\frac{\varphi^2\gamma Z}{K^2(\gamma_m-\gamma)} \tag{2-34}$$

式中 φ——流速系数；

γ——水容重，kg/m^3；

Z——落差，m。

若 d 大于设计粒径 d_s，则龙口截流各阶段的最大落差大于设计落差，则系统不稳定。

设功能函数式：

$$g = Z_m - Z_s \tag{2-35}$$

式中 Z_m——考虑了水文、水力不确定因素的截流过程中龙口最大落差，它最具有某种概率分布的随机变量；

Z_s——设计截流龙口最大落差。

利用功能函数可以反映以下关系：

$$\begin{cases} g<0 & \text{系统没有风险} \\ g=0 & \text{系统处于临界状态} \\ g>0 & \text{系统存在风险} \end{cases} \tag{2-36}$$

设系统的风险率为 R，则 R 可用下式计算：

$$R = P(g>0) = \int_{Z_s}^{+\infty} f(Z_m)\mathrm{d}Z_m \tag{2-37}$$

式中 $f(Z)$——Z_m 的概率密度函数。

2.6.3 风险率计算方法

目前，截流风险率的计算方法主要有实测资料法和随机模拟法两种。当拥有截流时段内较长的实测水文流量资料时，采用实测资料法。当具有截流设计流量的统计资料时，采用随机模拟法。

1. 实测资料法

设 $Q_{ri}(i=1,2,\cdots,n)$ 是截流时段内的月平均或旬平均 n 年的实测流量资料系列，它是河道该时段内总体流量的一个随机样本。实测资料法的步骤如下：

（1）根据所提供的坝址水位流量曲线，得到实测历年分旬截流时段来流量系列对应下游水位 H_{di}。

（2）将泄流能力曲线进行分段拟合，并考虑水力不确定性因素影响，得到对应上游水位泄流能力方程：$Q_d = f_2(H_u)$。

（3）龙口流量计算：$Q_1 = m\sigma \overline{B}\sqrt{2g}\,H_0^{2/3}$。

（4）根据分流曲线方程和龙口流量方程，用试算法得到对应 Q_{ri} 和 B 的上游水位系列 H_{ui}，再由 H_{ui} 得到分流量系列 Q_{di} 以及龙口流量系列 Q_{li}。

（5）计算戗堤轴线断面平均流速：$v = Q_l/\overline{B}D_0$，其中 D_0 为戗堤龙口的堰上水深。

（6）根据得到的样本系列值 v_i 确定样本范围（$\min\{v_{mi}\}$，$\max\{v_{mi}\}$），并取（$\min\{v_{mi}^-\}$，$\max\{v_{mi}^+\}$）为计算范围，其中 $\min\{v_{mi}^-\}$ 值比 $\min\{v_{mi}\}$ 值略小，$\max\{v_{mi}^+\}$ 值比 $\max\{v_{mi}\}$ 值略大。

（7）分组并计算各组的频率。分组数（K）可按下式计算，$K=1.87(n-1)^{0.4}$。

（8）统计各组的经验频率（P_j）。

（9）以 v_m 为横坐标，P 为纵坐标，画出直方图确定概率密度函数。

2. 随机模拟法

随机模拟法即根据水文统计频率参数和三角分布参数对坝址河道来流量和分流量进行模拟，由于导流隧洞的断面尺寸和长度的精度较容易保证，可以假定分流能力的随机性仅由糙率的随机性引起，其他为确定因素，再根据抽样得到的流量系列进行风险计算 P－Ⅲ分布函数为

$$Q=\left[-\sum_{m=l}^{\mathrm{int}\alpha}\ln(R_m-B_i\ln R_i)\right]\beta+\alpha_0 \tag{2-38}$$

其中：

$$B_i=\frac{R_{\mathrm{int}\alpha+l}^{1/k}}{R_{\mathrm{int}\alpha+1}^{1/k}+R_{\mathrm{int}\alpha+2}^{1/(l-k)}} \tag{2-39}$$

$$k=\alpha-\mathrm{int}\alpha$$

式中　α、β、α_0——P－Ⅲ型分布参数。

根据工程经验，假定分流量的不确定性服从三角分布，其分布函数为

$$F(Q_d)=\begin{cases}1 & Q_d\leqslant\alpha\\ \dfrac{(Q_d-\alpha)^2}{(b-a)(c-a)} & \alpha<Q_d\leqslant b\\ 1-\dfrac{(c-Q_d)^2}{(c-b)(c-a)} & b<Q_d\leqslant c\\ 0 & Q_d>c\end{cases} \tag{2-40}$$

其中，b 为设计分流能力，a 为分流能力下限，c 为分流能力上限。a、c 可根据模型试验确定，一般根据经验 $a=(0.9\sim0.95)b$，$c=(1.03\sim1.05)b$。

分流建筑物分流能力的不确定性主要由糙率、进口岩埂等因素的不确定性引起，计算中只考虑糙率的不确定性，并且假定糙率服从三角分布。

要产生具有一定分布的随机变量，通常先要产生［0，1］区间均匀分布的随机数 $R_j(j=1,2,\cdots,n)$，然后从所需分布的累积分布函数中产生相应的随机变量。然后以产生的随机数 R_j 为基础，结合水文统计参数 C_v、C_s 和平均流量 Q 对来流量进行抽样；结合三角分布参数 a、b、c 对分流量进行抽样，即可得到所需要的服从 P－Ⅲ型随机分布的来流量系列 $Q_j(j=1,2,\cdots,n)$ 和服从三角分布的分流量系列 $Q_{dj}(j=1,2,\cdots,n)$。

实测资料法对每一条河流要求较高，需要具有翔实的水文流量统计资料。若统计年限不长，资料就不具有代表性，而运用随机模拟法进行截流风险率分析，只需要水文频率统计参数即可，相对较容易得到，而且更接近设计标准。

2.6.4　三峡工程大江截流风险分析

三峡工程坝址处（三斗坪）截流时段的分旬最大日平均流量采用 P－Ⅲ型曲线拟合，其概率密度函数为

$$F(Q)=\frac{\beta^\alpha}{\Gamma(\alpha)}(Q-b)^{\alpha-1}\exp[-\beta(Q-b)]\quad(b<Q<+\infty) \tag{2-41}$$

其分布函数为

$$F(Q)=\frac{\beta^\alpha}{\Gamma(\alpha)}\int_b^Q(x-b)^{\alpha-1}\exp[-\beta(x-b)]\mathrm{d}x \tag{2-42}$$

$$b=m_Q(1-2C_V/C_S)\text{；}\alpha=4/C_S^2\text{；}\beta=2/(m_Q C_S C_V)$$

参数取值见表2-18。

表2-18　　三峡工程大江截流设计流量特征值参数表

时　段	m_Q/(m³/s)	C_V	C_S	不同频率下的流量/(m³/s)		
				5%	10%	20%
11月下旬	9450	0.25	1.5	14000	12600	11100
12月下旬	7030	0.15	1.0	9010	8520	8090

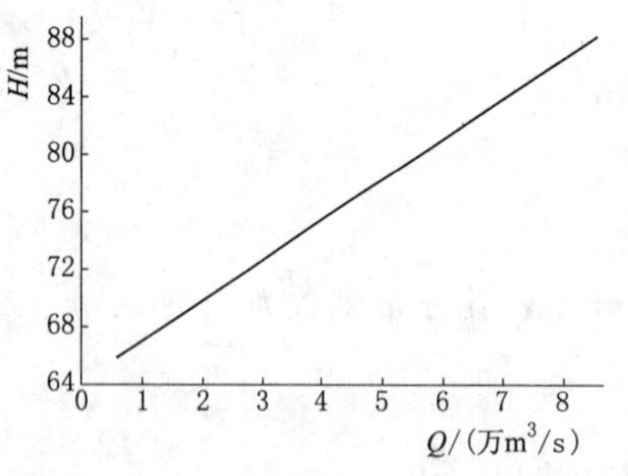

图2-12　三峡工程导流明渠泄流能力曲线

三峡工程大江截流时的分流建筑物是右岸明渠，全长为3950m。设计过水断面为横向复式断面，最小底宽350m，右侧高渠底宽100m，高程为58.00m；左侧低渠渠底高程沿水流方向分别为：58m、50m、45m、43m。高低渠间用1∶1边坡连接。经计算和模型试验，导流明渠泄流能力曲线如图2-12所示。

研究表明，概率分布形式对设计流量保证率的结果影响并不敏感，因此，假定分流建筑物的泄流能力服从位置参数$u_{Q_d}=\overline{Q_d}$和尺度参数$\sigma_{Q_d}=C_{Q_d}\overline{Q_d}$的正态分布，其中导流明渠泄水能力曲线可以认为是泄流能力的均值线，实际泄水能力将围绕这一均值线在一定范围内波动。尺度参数σ_{Q_d}与明渠糙率、底宽、边坡、水深等的变动范围有关。

三峡工程采用立堵法截流，随着截流施工的进行，龙口过水断面宽度逐渐束窄。龙口泄流量可采用下式计算：

$$Q=mB\sqrt{2g}H_0^{3/2} \tag{2-43}$$

其均值为

$$\overline{Q}=\overline{m}B\sqrt{2g}H^{3/2} \tag{2-44}$$

离差系数为

$$C_Q^2=C_m^2+\frac{9}{4}C_H^2 \tag{2-45}$$

式中　C_m^2、C_H^2——流量系数m和上游水头H的离差系数，可由其概率密度分布求得。

假定龙口泄流量Q也服从正态分布，即$Q\sim N(\overline{Q},\ \sigma_Q^2\overline{Q}^2)$。

由于三峡工程截流过程中上游水位壅高并不大，截流过程中上游河槽的调蓄流量很小，计算时不考虑上游河槽的调蓄流量，同时，由于戗堤的渗透流量相对来说也很小，因此也不考虑，这样，下泄流量即为龙口泄流量和分流建筑物泄流量之和。从以上分析可知，它亦服从正态分布，其位置参数为$u_{Q_2}=u_Q+u_{Q_d}$，即

$$u_{Q_2}=\overline{Q}+\overline{Q_d} \tag{2-46}$$

尺度参数为

$$\sigma_{Q_2}^2=\sigma_Q^2+\sigma_{Q_d}^2 \tag{2-47}$$

风险率是指系统在规定的时间和条件下，不能完成规定功能的概率。截流风险率则是

指施工截流过程中，在设计条件下下泄流量小于河道来流量的概率，即

$$R=P(Q_2<Q_1) \tag{2-48}$$

式中 R——系统风险率；

P——概率；

Q_1——来流流量；

Q_2——下泄流量。

截流过程中，对于不同的龙口宽度 B，应综合考虑水文、水力等不确定性因素。施工截流系统的风险率称为施工截流过程动态全面风险率。根据对 Q_1、Q_2 概率分布的分析，式(2-48)可采用考虑基本变量概率分布类型的一次二阶矩方法求解，计算结果见表2-19。

表 2-19　三峡工程大江截流动态风险率计算结果

设计条件	龙口宽度/m			
	190	140	100	60
11月下旬，设计流量为14000m³/s	6.51	6.56	6.95	7.48
12月下旬，设计流量为9010m³/s	7.42	7.63	8.08	9.09

从计算结果看，截流施工过程中的动态全面风险率按来流量14000m³/s设计比按来流量9010m³/s设计要小，其原因在于，三峡工程的导流明渠的分流条件很好，在截流设计流量较大时，由于上游水位壅高，使得更多的流量能从导流明渠中泄向下游，龙口流量占总流量的比例比天然来流量小时更小，因此，截流施工的安全性更高。但是，这并不是说截流设计流量大时截流施工更容易。截流设计流量越大，龙口的最大流速、龙口落差等均越大，这就需要更大粒径的抛投材料才能在有效的龙口范围内稳定，也才能使截流获得成功。也就是说，在不同的截流设计流量下，需要不同的粒径与数量的抛投材料。

对于三峡工程大江截流，虽然截流设计流量为14000m³/s时比截流设计流量为9010m³/s时需要更大粒径的截流块石，但由于导流明渠分流条件较好，在各种流量下龙口最大流速均不大，设计单位提出采用石渣（0.1～0.3m）截流，截流材料的获得较容易，因此，建议按频率5%的11月下旬的最大日平均流量14000m³/s来进行截流设计，截流施工安全性较高。

三峡工程大江截流已于1997年11月8日顺利实现。当龙口束窄至100m时坝址流量为10600m³/s；在龙口束至80m时，截流进入最困难段。这与上述分析吻合，说明分析方法和计算成果具有较大指导意义。

2.7　截流数学模型

2.7.1　截流数学模型的综述

在水利水电工程的截流施工过程中，随着围堰的进占，河道逐步变窄，水流运动发生变化。其数学模型建立的基础仍然是水流的微分控制方程，其局部河道突缩现象是普通河道中丁坝绕流现象的一种发展变化。

程年生等用数值计算研究了非淹没丁坝绕流问题。李浩麟在计算河口航道二维潮流

中，将淹没丁坝过流视作围堰，使用堰流公式和二维水流方程组联合求解，进行了淹没丁坝流场的计算。夏云峰、孙秀梅等采用地形反映法，并避开确定流量系数，结合紊流模型来研究淹没丁坝流场。他们在二维水深平均水流运动方程的基础上，给出了考虑水深局部变化的二维水深平均 $K-\varepsilon$ 紊流模型闭合方程组，采用控制体积离散方程，运用 Simpler 方法求解，通过数值计算得到淹没丁坝水流流场和水面线的变化。水利水电工程截流龙口附近的水流状况非常接近于非淹没丁坝绕流情况，因此，其水流数学模型可类似地采用非淹没丁坝绕流模型。

随着互联网技术的发展，已研发三维仿真模型模拟截流施工。三维仿真模型将施工导流、截流的水力计算与计算机图像技术结合起来，使水利水电工程的导流、截流全过程可视化并可在施工的任何阶段对全施工区域进行动画漫游，使人们在施工之前能够迅速、直观、精确地显示所采取的工程措施及其产生的效果，对不同的施工方案进行比较、研究，为截流的正确决策提供强有力的支持。

2.7.2 截流数学模型的建立

截流龙口区段的水流数学模型，多采用平面二维模型。一般情况下，一维数学模型思路简单、计算时间短，但它包含的信息少，适用范围有限。三维数学模型包含的信息全面，能更真实地反映原型，但其原理复杂，计算量大。就工程实际而言，二维模拟方法折中三维和一维模拟方法，克服了两者各自的缺点，适用于大多数明渠水流运动工程问题求解，已经成为主要的数值模拟方法。

下面根据连续方程和动量守恒方程建立平面二维有压水流的一般控制方程。

（1）连续方程：

$$\frac{\partial \rho}{\partial t}+\frac{\partial(\rho u)}{\partial x}+\frac{\partial(\rho v)}{\partial y}=0 \tag{2-49}$$

（2）动量方程：

X 方向：

$$\frac{\partial(\rho u)}{\partial t}+\frac{\partial(\rho u u)}{\partial x}+\frac{\partial(\rho u v)}{\rho y}=\frac{\partial}{\partial x}\left(\rho\varepsilon_x \frac{\partial u}{\partial x}\right)+\frac{\partial}{\partial y}\left(\rho\varepsilon_y \frac{\partial u}{\partial y}\right)-\frac{\partial P}{\partial x}+B_x \tag{2-50}$$

Y 方向：

$$\frac{\partial(\rho v)}{\partial t}+\frac{\partial(\rho u v)}{\partial x}+\frac{\partial(\rho v v)}{\rho y}=\frac{\partial}{\partial x}\left(\rho\varepsilon_x \frac{\partial v}{\partial x}\right)+\frac{\partial}{\partial y}\left(\rho\varepsilon_y \frac{\partial v}{\partial y}\right)-\frac{\partial P}{\partial y}+B_y \tag{2-51}$$

式中　ρ——水体密度；

P——压力；

u，v——X，Y 方向的水流流速分量；

ε_x，ε_y——X，Y 方向的紊动扩散系数。

$$B_x=\frac{\tau_{sx}-\tau_{bx}}{h} \tag{2-52}$$

$$B_y=\frac{\tau_{sy}-\tau_{by}}{h} \tag{2-53}$$

式中　τ_{sx}，τ_{sy}——表面风应力；

τ_{bx}、τ_{by}——河床床面切应力。

$$\tau_{sx}=C_w\rho_a|W-u|(W_x-u) \tag{2-54}$$

$$\tau_{sy}=C_w\rho_a|W-u|(W_y-u) \tag{2-55}$$

$$\tau_{bx}=\frac{\rho g u(u^2+v^2)^{1/2}}{C_h^2} \tag{2-56}$$

$$\tau_{by}=\frac{\rho g v(u^2+v^2)^{1/2}}{C_h^2} \tag{2-57}$$

$$|W-u|=\sqrt{(W_x-u)^2+(W_y-v)^2} \tag{2-58}$$

式中　C_w——风对波动水面的剪切系数，采用 2.55×10^{-3}；

C_h——谢才系数，$C_h=\frac{1}{n}h^{1/6}$，n 为曼宁糙率系数；

W——水面以上 10m 处的风速；

ρ_a——空气密度；

沿河道水深方向作静压分部假设，运用莱布尼兹公式，将三维连续、动量方程沿水深积分，忽略由于速度沿深度分布不均匀引起的离散关联项，可以得到深度平均的水流控制方程。

连续方程：

$$\frac{\partial(\rho h)}{\partial t}+\frac{\partial(\rho hu)}{\partial x}+\frac{\partial(\rho hv)}{\partial y}=0 \tag{2-59}$$

X 方向动量方程：

$$\frac{\partial(\rho hu)}{\partial t}+\frac{\partial(\rho huu)}{\partial x}+\frac{\partial(\rho huv)}{\rho y}=\frac{\partial}{\partial x}\left(\rho hv_t\frac{\partial u}{\partial x}\right)+\frac{\partial}{\partial y}\left(\rho hv_t\frac{\partial u}{\partial y}\right)-\rho gh\frac{\partial H}{\partial x}-\tau_{bx} \tag{2-60}$$

Y 方向动量方程：

$$\frac{\partial(\rho hv)}{\partial t}+\frac{\partial(\rho huv)}{\partial x}+\frac{\partial(\rho hvv)}{\rho y}=\frac{\partial}{\partial x}\left(\rho hv_t\frac{\partial v}{\partial x}\right)+\frac{\partial}{\partial y}\left(\rho hv_t\frac{\partial v}{\partial y}\right)-\rho gh\frac{\partial H}{\partial y}-\tau_{by} \tag{2-61}$$

式中　v_t——动量交换系数。

以上各式中的变量皆为深度平均值，$H=h+Z_b$，h 为水深，Z_b 为河床底部相对高程。

对比上述连续方程和动量方程的两种表现形式，用 Φ 表示通用变量，则可得到通用微分方程：

$$\frac{\partial(\rho\Phi)}{\partial t}+\mathrm{div}(\rho U\Phi)=\mathrm{div}(\Gamma\mathrm{grad}\Phi)+S \tag{2-62}$$

即

$$\frac{\partial(\rho\Phi)}{\partial t}+\frac{\partial J_x}{\partial x}+\frac{\partial J_y}{\partial y}=S \tag{2-63}$$

$$\begin{cases}J_x=\rho u\Phi-\Gamma\dfrac{\partial\Phi}{\partial x}\\ J_y=\rho v\Phi-\Gamma\dfrac{\partial\Phi}{\partial y}\end{cases} \tag{2-64}$$

式中　S——源项；

J_x——X 方向的总通量；

J_y——Y 方向的总通量；

Γ——扩散系数。

所谓总通量，是指对流通道与扩散通量之和。式（2-63）中对因变量 Φ、扩散系数 Γ 和源项 S 取特定值，可得到一般控制方程：令 $\Phi=1$，$\Gamma=0$，$S=0$，可得出连续方程；令 $\Phi=u_i$，$\Gamma=\rho\varepsilon$，$S=-\dfrac{\partial P}{\partial x_i}+\rho B_i$，可得出动量方程。

从式（2-63）可以看出，对于不同的 Φ 值，只需赋予 Γ 和 S 适当的表达式及适当的初始条件和边界条件便可以求解。

2.7.3　截流数学模型的求解

1. 截流模型的离散与求解

采用有限体积法对通用微分方程（2-63）进行离散，并建立平面二维紊流数学模型。

（1）有限体积法。有限体积法又称控制体积法。其基本思想是：将计算区域划分为一系列不重复的控制体积，并使每个网络点周围有一个控制体积，将待解的微分方程和每一个控制体积积分，便得出一组离散方程，其中的未知数是网络节点上的因变量 Φ 的数值。为了求出控制体积的积分值，必须假定 Φ 值在网络节点之间的变化规律，即假定 Φ 值的分段剖面。

离散方程的物理意义就是因变量 Φ 值在有限大小的控制体积中的守恒原理，如同微分方程表示因变量在无限小的控制体积的守恒原理一样。有限体积法得出的离散方程要求因变量的积分守恒对任意一组控制体积都得到满足，对于整个计算区域自然也满足。就离散方法而言，有限体积法可以视作为有限单元法和有限差分法的中间方法，有限体积法只寻求 Φ 的节点值，这与有限差分法类似，但有限体积法在寻找控制体积的积分时必须假定 Φ 值在网络节点中间的分布，这又与有限单元法相类似。在有限体积法中插值函数只用于计算控制体积的积分，得出离散方程后，便可以弃掉插值函数。如果需要的话，可以对微分方程中的不同项采用不同的插值函数。

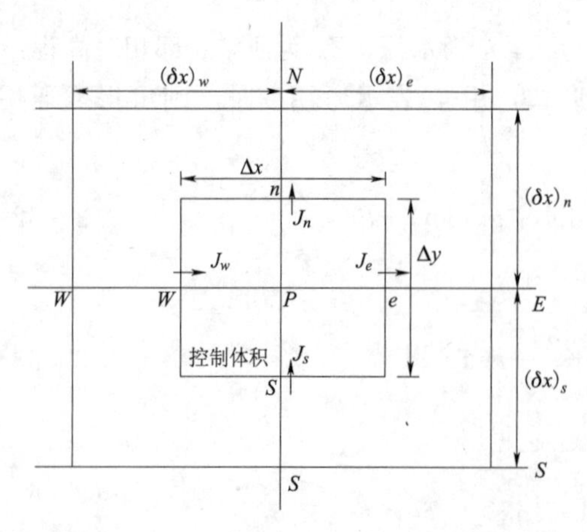

图 2-13　有限体积法主控制网格示意图

（2）离散方程的建立。根据通用微分方程（2-63）建立控制体上的离散方程。有限体积法主控制网格见图 2-13。

对于网络中心节点 P，节点 E 和 W 是其在 X 方向的邻点，N 和 S 是其在 Y 方向的邻点。P 点周围的控制体积见图 2-13 中间区域部分。控制体积在 Z 方向的厚度假定为 h，控制体积的交界面在相邻节点之间相应的分界点为 e，w，n，s。假定在 X 方向控制体交界面面积 $\Delta y\times h$ 上的通量 J_e 和 J_w 均匀分布，同理在 Y 方向交界面面积 $\Delta x\times h$ 上的通量 J_n 和 J_s 均匀分布。将通用微分方程对控

制体积积分得

$$\frac{\rho_p\Phi_p-\rho_p^0\Phi_p^0}{\Delta t}\Delta x\Delta yh_p+\Delta y(J_eh_e-J_wh_w)+\Delta x(J_nh_n-J_sh_s)$$
$$=-F(P)+(S_c+S_p\Phi_p)\Delta x\Delta yh_p \tag{2-65}$$

压力函数 $F(P)$ 为

$$在 X 方向上:F(P)=\Delta P_x\Delta yh_p \tag{2-66}$$

$$在 Y 方向上:F(P)=\Delta P_y\Delta xh_p \tag{2-67}$$

将源项线性化为

$$S=S_c+S_p\Phi_p \tag{2-68}$$

将连续方程在控制体积内积分，得到的离散方程为

$$\left(\frac{\rho_p-\rho_p^0}{\Delta t}\right)\Delta x\Delta yh_p+F_e-F_w+F_n-F_s=0 \tag{2-69}$$

上式中的 F_i 是通过各控制体交界面的质量流流量（对流强度）。

$$\begin{cases}F_e=(\rho u)_e\Delta yh_e; \quad F_w=(\rho u)_w\Delta yh_w\\ F_n=(\rho u)_n\Delta yh_n; \quad F_s=(\rho u)_s\Delta yh_s\end{cases} \tag{2-70}$$

动量方程在控制体积积分后的离散方程为（2-65），由于水流运动时要同时满足连续方程和动量方程，将式（2-65）和式（2-69）联立，用式（2-65）$\times\Phi_p$－式（2-69）得到

$$(\Phi_p-\Phi_p^0)\frac{\rho_p^0\Delta x\Delta yh_p}{\Delta t}+(J_e\Delta yh_e-F_e\Phi_p)-(J_w\Delta yh_w-F_w\Phi_p)+(J_n\Delta xh_n-F_n\Phi_p)$$
$$-(J_s\Delta xh_s-F_s\Phi_p)=(S_c+S_p\Phi_p)\Delta x\Delta yh_p-F(P) \tag{2-71}$$

引入派克里特数 $P_a=\rho u\delta/\Gamma$。它是对流强度和扩散强度之比。在动量方程中，Γ 表示黏性，派克里特数等价于雷诺数。采用幂函数格式，式（2-71）中各式可以写成

$$\begin{cases}J_e\Delta yh_e-F_e\Phi_p=\alpha_E(\Phi_p-\Phi_E)-(J_w\Delta yh_w-F_w\Phi_p)=\alpha_W(\Phi_p-\Phi_W)\\ J_n\Delta xh_n-F_n\Phi_p=\alpha_N(\Phi_p-\Phi_N)-(J_s\Delta xh_s-F_s\Phi_p)=\alpha_S(\Phi_p-\Phi_S)\end{cases} \tag{2-72}$$

其中：

$$\begin{cases}\alpha_E=D_eA(|P_{ae}|)+[-F_e,0]\\ \alpha_W=D_wA(|P_{aw}|)+[F_w,0]\\ \alpha_N=D_nA(|P_{an}|)+[-F_n,0]\\ \alpha_S=D_sA(|P_{as}|)+[F_s,0]\end{cases} \tag{2-73}$$

D_i 为扩散强度

$$\begin{cases}D_e=\dfrac{\Gamma_e\Delta yh_e}{(\delta x)_e}; \quad D_w=\dfrac{\Gamma_w\Delta yh_w}{(\delta x)_w}; \quad D_n=\dfrac{\Gamma_n\Delta xh_n}{(\delta y)_n}; \quad D_s=\dfrac{\Gamma_s\Delta xh_s}{(\delta y)_s}\\ P_{aw}=\dfrac{F_w}{D_w}; \quad P_{ae}=\dfrac{F_e}{D_e}; \quad P_{an}=\dfrac{F_n}{D_n}; \quad P_{as}=\dfrac{F_s}{D_s}\end{cases} \tag{2-74}$$

幂函数格式

$$(A|P_{ai}|)=[0,(1-0.1\times|P_{ai}|)^5] \tag{2-75}$$

将式（2-66）中各式代入离散方程（2-64），得

$$\alpha_p\Phi_p=\alpha_E\Phi_E+\alpha_W\Phi_W+\alpha_S\Phi_S+\alpha_N\Phi_N-F(P)+b \tag{2-76}$$

其中：

$$\begin{cases}\alpha_p=\alpha_E+\alpha_W+\alpha_S+\alpha_N+\alpha_P^0-S_P\Delta x\Delta yh_p \\ b=S_c\Delta x\Delta yh_p+\alpha_P^0\Phi_P^0 \\ \alpha_P^0=\dfrac{\rho_P^0\Delta x\Delta yh_p}{\Delta t}\end{cases} \tag{2-77}$$

$F(P)$ 为压力场函数：

$$X\text{ 方向}:F(P)=(P_wh_w-P_eh_e)\Delta y \tag{2-78}$$

$$Y\text{ 方向}:F(P)=(P_sh_s-P_nh_n)\Delta x \tag{2-79}$$

邻点系数 α_E，α_W，α_S，α_N 表示控制体积的 4 个交界面上对流和扩散的影响，其表示方式是对流强度 F_i 和扩散率 D_i，α_P^0 是控制体在时刻 t 的 Φ 的已知含量除以时间步长。

(3) 离散方程的求解（Simpler 方法）。采用压力校正法求解 $N-S$ 方程，其基本思想是对于给定的压力场，然后按次序求解 u 和 v 的代数方程。由此得到的速度场未必能满足质量守恒的要求，因而必须对给定的压力场加以修正。为此，把由动量方程的离散形式所规定的压力和速度的关系代入连续方程的离散形式，从而得出压力修正值方程，由压力修正方程得出压力改进值，进而改进速度，以得到在这一迭代层次上能满足连续方程的解，然后用计算所得的新的速度值去改进动量离散方程的系数，以开始下一层的计算，直至收敛。

设原来的压力为 P^*，与之相应的速度为 u^*、v^*，把压力改进值与 P^* 之差记为 P'，相应的速度修正量为 u'、v'，则改进后的速度与压力分别为

$$u=u^*+u' \quad v=v^*+v' \quad P=P^*+P' \tag{2-80}$$

代入动量离散方程的

$$\alpha_e(u_e^*+u_e')=\sum\alpha_{nb}(u_{nb}^*+u_{nb}')+b+[(P_P^*+P_P')-(P_E^*+P_E')]A_e \tag{2-81}$$

u^*、v^* 是根据 P^* 的值从离散方程（2-81）解出的，因而它们满足

$$\alpha_eu_e^*=\sum\alpha_{nb}u_{nb}'+b+(P_P^*-P_E^*)A_e \tag{2-82}$$

假定由源项构成的值保持不变，将式（2-81）和式（2-82）两式相减得

$$\alpha_eu_e'=\sum\alpha_{nb}u_{nb}'+(P_P'-P_E')A_e \tag{2-83}$$

式（2-83）表明，任意一点上的速度的改进值由两部分组成：一部分是该速度在同一方向上的两节点间压力（修正值）之差，这是产生速度修正值的直接动力；另一部分是由邻点速度的修正值所产生，亦可以认为是四周压力的修正值对所讨论位置上速度改进的直接影响。式（2-83）是一个五对角矩阵，计算量大，在上述的两种影响因素中，压力修正值的直接影响是主要的，四周邻点速度修正值的影响近似地可以不予考虑，即 $\alpha_{nb}=0$，则速度修正方程变为

$$\alpha_eu_e'=(P_P'-P_E')A_e \tag{2-84}$$

$$u_e'=\left(\frac{A_e}{\alpha_e}\right)(P_P'-P_E')=d_e(P_P'-P_E') \tag{2-85}$$

同理，$u_n'=d_n(P_P'-P_N')$，$d_n=\dfrac{A_n}{\alpha_n}$。于是，改进后的速度变为

$$\begin{cases} u_e = u_e^* + d_e(P'_P - P'_E); & v_n = v_n^* + d_n(P'_P - P'_N) \\ u_w = u_w^* + d_w(P'_P - P'_W); & v_s = v_s^* + d_s(P'_P - P'_S) \end{cases} \tag{2-86}$$

其中：

$$d_e = \frac{A_e}{\alpha_e}; \quad d_n = \frac{A_n}{\alpha_n}; \quad d_w = \frac{A_w}{\alpha_w}; \quad d_s = \frac{A_s}{\alpha_s} \tag{2-87}$$

下一步是求压力校正值 P'。P'应满足的条件是：根据 P'而改进的速度场能够满足连续方程，将式（2-86）代入连续方程的离散形式，采用全隐格式可得 P'的代数方程

$$\alpha_P P'_P = \alpha_E P'_E + \alpha_W P'_W + \alpha_N P'_N + \alpha_S P'_S + b \tag{2-88}$$

其中：

$$\alpha_E = \rho_e d_e \Delta y h_e; \quad \alpha_W = \rho_w d_w \Delta y h_w; \quad \alpha_N = \rho_n d_n \Delta x h_n; \quad \alpha_S = \rho_s d_s \Delta x h_s$$

$$\alpha_P = \alpha_E + \alpha_W + \alpha_N + \alpha_S$$

$$b = \frac{(\rho_P^0 - \rho_P)\Delta x \Delta y h_P}{\Delta t} + [(\rho u^* h)_w - (\rho u^* h)_e]\Delta y + [(\rho v^* h)_s - (\rho v^* h)_n]\Delta x \tag{2-89}$$

采用 Simpler 算法的计算步骤如下：

1）假设一个速度场 u^0、v^0，计算动量方程的参数。

2）据已知的速度计算虚拟流速 $\hat{u}$、$\hat{v}$。

3）求解压力方程。

4）把解出的压力作为 P^*，求解动量方程，求得 u^*、v^*。

5）据 u^*、v^* 求解压力修正值 P'。

6）利用 P'修正速度，但不修正压力。

7）利用改进后的速度，计算动量方程的系数，重复步骤 2)～7)，直至收敛。

2. 关键问题的处理

(1) 边界条件的选取。平面二维水流模型中，边界条件通常包括水边界（即进出口边界）和岸边界。

进出口边界：根据已知的进口入流流量资料给出进口的速度和水位，再根据连续方程给出出流边界的速度大小。

岸边界：岸边界为非滑移边界，给定其流速为 0。

(2) 糙率计算。目前在计算冲积河道阻力时，通常采用曼宁糙率系数 n 来表示阻力大小。床面糙率系数的取值，不仅与床面粗糙程度有关，而且还与水流条件有关。一般的河道糙率系数 n 的范围为 0.015～0.060。数学模型中 n 的取值根据工程实际情况取值。

(3) 迭代收敛的判别标准。迭代收敛的判别标准质量源 b 的值足够小。可采用 b 的相对值，即压力方程中的 b_{max}/α_P 项来表示迭代的收敛程度，一般收敛判别标准为 2×10^{-4}。

2.7.4 工程实例

选取三峡工程大江截流项目为例，通过数学模型计算结果与物理模型试验成果、实测资料的对比，验证数学模型计算结果的可信性。

二维数学模型所计算的截流方案为：上游戗堤龙口段预平抛垫底至 40.00m 高程；下游石渣堤尾随跟进，预留 260m 宽度的口门。

本实例所计算的河道全长2840m，其中截流戗堤以上920m，以下1920m。所采用的基本地形资料为长江水利委员会1978年绘制的1∶5000河道地形图。截流戗堤龙口段预平抛垫底范围顺水流方向140m（戗堤轴线以上58m，以下82m），戗堤轴线方向长度115m（龙口中心线左右各57.5m）。

按照三峡工程大江截流施工设计要求，截流戗堤龙口段进占从1997年9月开始，上游戗堤口门宽600m，下游戗堤口门宽690m。到10月下旬，上游戗堤口门（即龙口）宽150m，下游戗堤口门宽340m，大江截流的进占攻坚阶段就从此时开始。

上游戗堤采用双向立堵进占截流、下游石渣堤从左岸单向立堵跟进，预留一期土石围堰以左260m宽口门。

上游口门宽由150m逐渐合龙，下游口门宽260m。分别计算在流量$Q=19400\text{m}^3/\text{s}$和$Q=14000\text{m}^3/\text{s}$下龙口不同进占宽度时的水流状况和水力参数。

1. 与试验成果的对比

经过对长江三峡大江截流的二维水流数学模型的建立和计算，得到了不同流量、龙口宽度条件下的明渠分流能力、口门区流速流态、截流落差、沿河道断面平均水位线等主要水力学指标，并将该模型的计算结果和长江科学院1∶80截流整体模型试验结果进行对比验证。

表2-20～表2-23分别给出了预平抛垫底至40.00m高程的条件下，相应于$Q=14000\text{m}^3/\text{s}$和$Q=19400\text{m}^3/\text{s}$两种流量下不同口门宽度时龙口水位的模型试验值与计算值。对比模型试验水位和计算水位可以看出，两者非常接近，表明数学模型计算结果的可信性。

表2-20　三峡工程大江截流模型试验水位值（$Q=14000\text{m}^3/\text{s}$）

龙口宽度/m		150	130	100	80	50	30	0
左堤头	上游	66.84	66.95	67.25	67.24	67.26	67.36	67.39
	下游	66.58	66.66	66.86	66.84	66.71	66.74	66.75
	落差	0.26	0.29	0.39	0.40	0.55	0.62	0.64
右堤头	上游	66.89	66.95	67.29	67.26	67.31	67.34	67.39
	下游	66.50	66.64	66.86	66.79	66.76	66.72	66.74
	落差	0.39	0.31	0.43	0.47	0.55	0.62	0.65
戗堤轴线	龙左	66.59	66.71	66.94	66.86			
	龙中	66.68	66.77	66.94	66.94	66.84	66.92	
	龙右	66.66	66.71	66.90	66.88			
龙口中心线	上150	66.87	66.98	67.20	67.26	67.26	67.31	
	上90	66.83	66.94	67.18	67.24	67.26	67.30	
	上60	66.78	66.90	67.16	67.19	67.22	67.29	
	上30	66.73	66.82	67.10	67.16	67.18	67.30	
	下30	66.61	66.66	66.87	66.84	66.73	66.76	
	下60	66.58	66.65	66.86	66.84	66.74	66.74	
	下90	66.51	66.63	66.81	66.85	66.68	66.72	
	下150	66.54	66.64	66.80	66.78	66.69	66.74	

表 2-21　三峡工程大江截流计算水位值（$Q=14000m^3/s$）

龙口宽度/m		150	130	100	80	50	30	0
左堤头	上游	66.67	66.93	67.35	67.46	67.65	67.71	67.91
	下游	66.21	66.45	66.89	66.93	66.98	67.06	67.22
	落差	0.46	0.48	0.46	0.53	0.67	0.65	0.69
右堤头	上游	66.78	67.02	67.50	67.40	67.63	67.72	67.92
	下游	66.24	66.35	67.00	66.97	66.98	67.06	67.22
	落差	0.54	0.67	0.50	0.43	0.65	0.66	0.70
戗堤轴线	龙左	66.31	66.79	67.06	67.19			
	龙中	66.66	66.90	67.15	67.46	67.41	67.61	
	龙右	66.37	66.45	67.02	67.45			
龙口中心线	上150	67.22	67.35	68.01	68.06	68.20	67.68	
	上90	67.12	67.40	67.90	68.03	68.16	67.68	
	上60	67.01	67.31	67.92	67.95	68.04	67.70	
	上30	66.92	67.18	67.76	67.70	67.96	67.70	
	下30	66.41	66.57	66.77	66.83	67.04	67.05	
	下60	66.27	66.41	66.75	66.78	66.97	67.04	
	下90	66.22	66.38	66.73	66.72	66.94	66.06	
	下150	66.12	66.35	66.72	66.72	66.92	66.91	

表 2-22　三峡工程大江截流模型试验水位值（$Q=19400m^3/s$）

龙口宽度/m		150	130	100	80	50	30	0
左堤头	上游	67.98	67.97	68.19	68.25	68.34	68.35	68.38
	下游	67.46	67.40	67.52	67.58	67.45	67.45	67.44
	落差	0.52	0.57	0.67	0.67	0.89	0.90	0.94
右堤头	上游	68.01	67.99	68.22	68.28	68.36	68.38	68.38
	下游	67.46	67.38	67.54	67.53	67.48	67.44	67.42
	落差	0.55	0.61	0.68	0.75	0.88	0.94	0.96
戗堤轴线	龙左	67.64	67.46	67.63	67.58			
	龙中	67.64	67.58	67.73	67.70	67.66	67.74	
	龙右	67.63	67.50	67.67	67.60			
龙口中心线	上150	67.97	67.97	68.18	68.26	68.34	68.41	
	上90	67.94	67.96	68.17	68.24	68.31	68.37	
	上60							
	上30	67.76	67.70	67.94	68.05	68.25	68.38	
	下30	67.55	67.46	67.59	67.54	67.53	67.38	
	下60							
	下90	67.45	67.36	67.58	67.53	67.43	67.43	
	下150	67.42	67.38	67.57	67.49	67.39	67.43	

表 2-23　　三峡工程大江截流计算水位值（$Q=19400m^3/s$）

龙口宽度/m		150	130	100	80	50	30	0
左堤头	上游	67.48	67.43	68.13	68.02	68.45	68.58	68.82
	下游	67.02	66.78	67.47	67.32	67.65	67.71	67.78
	落差	0.46	0.65	0.66	0.70	0.80	0.87	1.04
右堤头	上游	67.72	67.72	68.18	68.17	68.60	68.58	68.82
	下游	67.22	67.19	67.44	67.39	67.80	67.69	67.78
	落差	0.50	0.53	0.74	0.78	0.80	0.89	1.04
戗堤轴线	龙左	67.43	67.40	67.62	67.66			
	龙中	67.46	67.59	67.85	67.75	67.77	67.71	
	龙右	67.44	67.73	67.53	67.39			
龙口中心线	上 150	68.32	68.32	68.72	68.83	68.63	68.62	
	上 90	68.26	68.25	68.60	68.81	68.64	68.64	
	上 60							
	上 30	68.00	67.96	68.40	68.74	68.60	68.63	
	下 30	67.70	67.42	68.07	68.40	67.93	67.70	
	下 60							
	下 90	67.68	67.61	68.07	68.17	67.70	67.68	
	下 150	67.57	67.58	68.02	68.15	67.65	67.66	

表 2-24、表 2-25 分别给出了龙口预平抛垫底至 40m 高程时不同流量、不同口门宽度条件下物理模型试验水力特征参数和数学模型计算水力特征参数。水力特征参数包括：龙口上下游水位（$H_{上}$、$H_{下}$）、戗堤轴线水位、截流水位落差、导流明渠分流量、导流明渠分流比及龙口中线平均流速。可以看出，物理模型试验测量结果与数学模型计算结果基本一致。计算导流明渠分流流量都比物理模型试验值小，相应的分流比也偏小。但两者相差不大，除个别情况（口门宽为 50m 时）外，相差小于 5%。

表 2-24　　三峡工程大江截流 1∶80 模型截流试验水力特征参数表

流量/(m^3/s)	14000						
龙口宽/m	150	130	100	80	50	30	0
$H_{上}$/m	67.11	67.15	67.30	67.35	67.39	67.42	67.44
$H_{下}$/m	66.76	66.75	66.80	66.83	66.84	66.83	66.79
截流水位落差/m	0.35	0.40	0.50	0.52	0.55	0.59	0.65
导流明渠分流量/(m^3/s)	8720	9533	10412	11546	12747	13792	13956
导流明渠分流比/%	62.29	68.09	74.37	82.47	91.05	98.51	99.69
戗堤轴线水位/m	66.68	66.77	66.94	66.94	66.84	66.92	
龙口中线平均流速/(m/s)	2.04	2.13	2.29	2.73	2.83	2.89	

续表

流量/(m^3/s)	19400						
龙口宽/m	150	130	100	80	50	30	0
$H_上$/m	67.94	68.01	68.22	68.30	68.41	68.46	68.48
$H_下$/m	67.38	67.39	67.43	67.43	67.48	67.47	67.54
截流水位落差/m	0.56	0.62	0.79	0.87	0.93	0.99	1.03
导流明渠分流量/(m^3/s)	12326	13291	14748	16079	17946	18647	19371
导流明渠分流比/%	63.54	68.51	76.02	82.88	92.51	96.12	99.85
戗堤轴线水位/m	67.64	67.58	67.73	67.70	67.66	67.74	
龙口中线平均流速/(m/s)	2.18	2.33	2.54	2.82	3.08	3.67	

表 2-25　　三峡工程大江截流计算水力特征参数表

流量/(m^3/s)	14000						
龙口宽/m	150	130	100	80	50	30	0
$H_上$/m	67.05	67.27	67.76	67.80	67.84	67.84	67.91
$H_下$/m	66.68	66.88	67.30	67.34	67.36	67.35	67.22
截流水位落差/m	0.37	0.39	0.46	0.46	0.48	0.49	0.69
导流明渠分流量/(m^3/s)	8305	8928	9983	10556	11385	13077	13997
导流明渠分流比/%	59.32	63.77	71.31	75.40	81.32	93.41	99.99
戗堤轴线水位/m	66.66	66.90	67.15	67.46	67.41	67.61	
龙口中线平均流速/(m/s)	2.31	2.38	2.43	2.51	2.78	2.84	
流量/(m^3/s)	19400						
龙口宽/m	150	130	100	80	50	30	0
$H_上$/m	67.52	68.00	68.15	68.10	68.48	68.58	68.82
$H_下$/m	67.01	67.47	67.47	67.33	67.70	67.71	67.78
截流水位落差/m	0.51	0.53	0.68	0.77	0.78	0.87	1.04
导流明渠分流量/(m^3/s)	11667	12560	14238	14957	15776	18135	19400
导流明渠分流比/%	60.14	64.74	73.39	77.10	81.32	93.48	100.0
戗堤轴线水位/m	67.46	67.59	67.71	67.75	67.77	67.71	
龙口中线平均流速/(m/s)	2.63	2.68	2.79	2.81	3.17	3.89	

2. 与实测资料的对比

将数学模型的计算结果与长江水利委员会三峡水文水资源勘测局在截流进占不同阶段所进行的现场实测水文资料成果进行对比，对比结果见表2-26～表2-33。

表 2-26　　三峡工程大江截流实测水文资料表（1997年10月15日）

项　目	数值	测量时间（时：分）	备注
导流明渠流量（7号断面）/(m^3/s)	6300	8：00	
门口流量（2号断面）/(m^3/s)	10100	8：10	

续表

项　　目	数值	测量时间（时：分）	备注
上口门平均流速/(m/s)	3.27	8：10	
上左流速/(m/s)	2.90	8：32	
上右流速/(m/s)	2.90	8：36	
下左流速/(m/s)	1.69	9：03	
下右流速/(m/s)	0.50	9：06	
上口门水位落差/m	0.40	8：00	
截流河段水位落差/m	0.49	8：00	
上口门宽度/m	182.7	8：05	直线距离
下口门宽度/m	246.7	8：05	直线距离

表 2-27　　三峡工程大江截流计算水文资料表（1997 年 10 月 15 日）

项　　目	数值	测量时间（时：分）	备注
导流明渠流量（7 号断面）/(m^3/s)	5656	8：00	
门口流量（2 号断面）/(m^3/s)	10100	8：10	
上口门平均流速/(m/s)	3.11	8：10	
上左流速/(m/s)	2.91	8：32	
上右流速/(m/s)	3.06	8：36	
下左流速/(m/s)	1.61	9：03	
下右流速/(m/s)	0.70	9：06	
上口门水位落差/m	0.60	8：00	
截流河段水位落差/m	0.81	8：00	
上口门宽度/m	182.7	8：05	直线距离
下口门宽度/m	246.7	8：05	直线距离

表 2-28　　三峡工程大江截流实测水文资料表（1997 年 10 月 25 日）

<table>
<tr><td colspan="2" rowspan="2">项　　目</td><td rowspan="2">水位/m</td><td colspan="2">断面流速/(m/s)</td><td rowspan="2">坝址流量/(m^3/s)</td><td rowspan="2">导流明渠分流量/(m^3/s)</td><td rowspan="2">分流比/%</td><td rowspan="2">落差/m</td></tr>
<tr><td>平均</td><td>最大</td></tr>
<tr><td rowspan="4">导流明渠</td><td>测量时间</td><td colspan="7">8：00</td></tr>
<tr><td>上 6 号断面</td><td>66.72</td><td>1.27</td><td>1.56</td><td rowspan="3">10500</td><td rowspan="3">5730</td><td rowspan="3">54.57</td><td rowspan="3">0.33</td></tr>
<tr><td>中 7 号断面</td><td>66.64</td><td>1.32</td><td>1.72</td></tr>
<tr><td>下 8 号断面</td><td>66.60</td><td>1.39</td><td>1.72</td></tr>
<tr><td rowspan="5">二期围堰</td><td rowspan="2">项　　目</td><td rowspan="2">落差/m</td><td colspan="2">龙口流速/(m/s)</td><td colspan="2">堤头流速/(m/s)</td><td colspan="2">堤头落差/m</td></tr>
<tr><td>平均</td><td>最大</td><td>左</td><td>右</td><td>左</td><td>右</td></tr>
<tr><td>测量时间</td><td>8：00</td><td>8：00</td><td>8：10</td><td>8：28</td><td>8：28</td><td>8：00</td><td>8：00</td></tr>
<tr><td>上口门宽 129.8m</td><td>0.29</td><td>2.51</td><td>2.95</td><td>2.73</td><td>2.59</td><td>0.32</td><td>0.26</td></tr>
<tr><td>下口门宽 186.6m</td><td></td><td>1.16</td><td>1.53</td><td>1.53</td><td>1.04</td><td>0.04</td><td>0.02</td></tr>
</table>

表 2－29　　　三峡工程大江截流计算水文资料表（1997 年 10 月 25 日）

项　目		水位/m	断面流速/(m/s)		坝址流量/(m³/s)	导流明渠分流量/(m³/s)	分流比/%	落差/m
			平均	最大				
导流明渠	测量时间	8：00						
	上 6 号断面	66.41	1.36	1.94	10100	6226	59.30	0.26
	中 7 号断面	66.40	1.36	1.94				
	下 8 号断面	66.49	1.37	1.78				
二期围堰	项　目	落差/m	龙口流速/(m/s)		堤头流速/(m/s)		堤头落差/m	
			平均	最大	左	右	左	右
	测量时间	8：00	8：00	8：10	8：28	8：28	8：00	8：00
	上口门宽 129.8m	0.41	2.24	2.48	2.45	2.33	0.3	0.43
	下口门宽 186.6m		1.35	1.71	1.50	1.01	0.05	0.01

表 2－30　　　三峡工程大江截流实测水文资料表（1997 年 10 月 28 日）

项　目		水位/m	断面流速/(m/s)		坝址流量/(m³/s)	导流明渠分流量/(m³/s)	分流比/%	落差/m
			平均	最大				
导流明渠	测量时间	8：00						
	上 6 号断面	66.80	1.73	2.07	10100	8550	84.65	0.54
	中 7 号断面	66.62	1.95	2.37				
	下 8 号断面	66.43	2.00	2.16				
二期围堰	项　目	水位/m	落差/m	最大流速/(m/s)	堤头流速/(m/s)		堤头落差/m	
					左	右	左	右
	测量时间	8：00	8：00	9：10	8：00	8：00	8：00	8：00
	上口门宽 49.4m	66.96	0.55	3.42			0.52	0.55
	下口门宽 156.6m	66.43		0.51	0.51	0.31	0.03	0.00

表 2－31　　　三峡工程大江截流计算水文资料表（1997 年 10 月 28 日）

项　目		水位/m	断面流速/(m/s)		坝址流量/(m³/s)	导流明渠分流量/(m³/s)	分流比/%	落差/m
			平均	最大				
导流明渠	测量时间	8：00						
	上 6 号断面	66.54	1.91	2.72	10100	8280	81.98	0.22
	中 7 号断面	66.51	1.91	2.73				
	下 8 号断面	66.45	1.91	2.47				
二期围堰	项　目	水位/m	落差/m	最大流速/(m/s)	堤头流速/(m/s)		堤头落差/m	
					左	右	左	右
	测量时间							
	上口门宽 49.4m	67.09	0.52	2.95	0.72	0.54	0.50	0.55
	下口门宽 156.6m	66.55		0.55			0.03	

表 2-32　　　　三峡工程大江截流实测水文资料（1997 年 11 月 3 日）

项目		水位/m	断面流速/(m/s)		坝址流量/(m^3/s)	导流明渠分流量/(m^3/s)	分流比/%	落差/m
			平均	最大				
导流明渠	测量时间	8：00						
	上 6 号断面	66.16	1.63	1.71	8840	8240	93.21	0.47
	中 7 号断面	66.06	1.71	1.98				
	下 8 号断面	65.90	1.87	1.87				
二期围堰	项目	水位/m	龙口流速/(m/s)		堤头流速/(m/s)		堤头落差/m	
			平均	最大	左	右	左	右
	测量时间	20：00	20：00	2：00		9：24	20：00	20：00
	上口门宽 40m	66.38	0.41	2.78			0.41	0.42
	下口门宽 100m	66.00				0.92	0.11	0.07

表 2-33　　　　三峡工程大江截流计算水文资料（1997 年 11 月 3 日）

项目		水位/m	断面流速/(m/s)		坝址流量/(m^3/s)	导流明渠分流量/(m^3/s)	分流比/%	落差/m
			平均	最大				
导流明渠	测量时间	20：00						
	上 6 号断面	65.70	1.57	2.23	8840	7691	87.00	0.35
	中 7 号断面	65.69	1.56	2.23				
	下 8 号断面	65.79	1.57	2.03				
二期围堰	项目	水位/m	落差/m	最大流速/(m/s)	堤头流速/(m/s)		堤头落差/m	
					左	右	左	右
	测量时间	20：00	20：00	20：00		9：24	20：00	20：00
	上口门宽 40m	66.19	0.47	2.10			0.42	0.48
	下口门宽 100m	65.71				0.81	0.06	0.02

表 2-26～表 2-33 分别为三峡工程大江截流期间的 4 种典型口门宽度的现场实测水文资料和计算水文资料。实测水文资料由长江水利委员会三峡水文资源勘测局发布，时间跨度从 1997 年 10 月 15 日到 11 月 3 日，相应于上游戗堤口门宽度从 182.7m 到 40.0m 龙口形成，下游口门宽度从 246.7m 缩窄到 100.0m。比较实测水文资料与计算水文资料可以看出，两者结果基本一致，实测明渠分流比与计算分流比的误差小于 6%。

3 截 流 施 工

3.1 截流备料

3.1.1 备料数量

截流备料是保证戗堤施工的必要条件。截流施工中，应充分考虑一切不利因素，争取有利结果。为此，国内外工程考虑到抛投材料的流失、实际截流流量与设计流量及模型试验的差异、可能出现的较模型试验不利的水力条件等，在备料数量上应有适当的安全储备，以免供料不及时而产生停工待料及影响截流等现象。

截流实践表明，影响备料数量的主要因素有戗堤实际抛投断面、抛投材料流失量、覆盖层的冲刷量以及备料堆存和运输损耗量等。而实施中这些因素都存在很大变数，事先难以确定，所以截流备料数量尚无法通过精确的公式计算拟定，主要按戗堤设计断面计算和水工模型试验值，再凭借施工实践经验，增加一定安全裕度。关于截流备料增加多大的安全裕度比较合适，国内外截流工程尚没有统一规定，一般增加 25%～50%，也有少数工程成倍增加备用量。因此，对大型截流工程，其备用数量应视工程的具体条件确定。表 3－1 为葛洲坝工程大江截流抛投材料数量表，供参考。

表 3－1 葛洲坝工程大江截流上、下游戗堤所需抛投材料数量表

材料名称		抛投数量							备料数量		
		上游戗堤			下游戗堤			合计	左岸	右岸	合计
		左岸非龙口	右岸非龙口	龙口段	左岸非龙口	右岸非龙口	龙口段				
砂砾石料/万 m^3		12.46			9.54			22.00	28		28
块石料	小石/万 m^3	2.40	4.49	3.80	11.35	24.56	8.67	55.27	24	44	68
	中石/万 m^3	9.39	10.58	14.42	5.44	10.23	15.98	66.04	40	46	86
	大石/万 m^3	0.45	1.23	3.16	0.52	0.69	2.05	8.10	5	5	10
	小计/万 m^3	12.24	16.30	21.38	17.31	35.48	26.7	129.41	69	95	164
合计/万 m^3		24.70	16.30	21.38	26.85	35.48	26.7	151.41	97	95	192
混凝土预制块	15t 四面体/块			1700					850	850	1700
	25t 四面体/块			1300					650	650	1300
	17t 五面体/块			400							
	小计/块			3400					1500	1500	3000

续表

材料名称	抛投数量							备料数量		
	上游戗堤			下游戗堤			合计	左岸	右岸	合计
	左岸非龙口	右岸非龙口	龙口段	左岸非龙口	右岸非龙口	龙口段				
10～25t大块石串/个			500					250	250	500
30t钢架石笼/个			1500							

注 1. 抛投量中计入流失量非龙口段10%，龙口段20%，覆盖层的冲刷后的回填量共35.0万m^3，其中上游戗堤14.0万m^3，下游戗堤21.0万m^3。

2. 块石及砂砾石备料量按抛投量增加25%，计算龙口抛投量时只考虑投1/3的混凝土块方量。

3.1.2 截流备料堆场

截流备料堆场布置应遵循因地制宜，尽量集中的原则。主要考虑块石料的来源、使用部位、场地平整和修建施工道路工作量，以及预制块体施工方法等因素。尽量将戗堤龙口段抛投的块石和预制块体堆放在距截流戗堤较近的场地，以缩短合龙时抛投车辆的运距，提高堤头进占抛投强度。截流抛投料场的堆放面积，根据装载机械的技术可能性，可按表3-2技术要求估计。

表3-2　　截流抛投料场的堆放技术要求

料物名称		技术要求	备注
块石	小、中石	堆放高度不小于4～5m	用电铲或装载机装车
	大石	有条件时按单个一层堆放	用起重机装车
各型混凝土块、块石串、钢筋（铅）石笼		按单个一层堆放，并计入制作应留间隙不小于1m	

不同类别物料分别堆放，其间应留施工机械运行车道，其宽度不小于8～12m。

针对葛洲坝工程坝址两岸的地形和交通条件，葛洲坝工程截流在两岸均设有块石堆场和混凝土四面体预制场及堆场。另在二江防淤堤和前坪堆存中、小石渣，主要用于戗堤非龙口段的抛投材料，龙口段使用少量的中小石渣也堆存在防淤堤上。右岸备料堆场尽量结合二期工程施工工厂布置所需平整的场地。块石堆场有东岳庙、沿江大道至大江边一带。并在牛扎坪采石场及南津关向家嘴沿岸附近堆放一部分石渣。混凝土四面体堆场设在沿江大道左侧和紫阳河口回填的场地。

3.2 截流施工布置

3.2.1 布置内容

截流工程施工布置，应根据截流施工方案，在绘有枢纽建筑物的地形图上，统筹安排各项施工临时设施的平面位置，主要包括：

（1）坝区内供应、加工截流抛投物料的有关设施。

（2）截流抛投材料的运输线路。

（3）截流材料储存、转运场地。

（4）供电、供水、供风和通信等设施。

（5）现场施工指挥管理系统。

（6）各种生产设施及占用场地。

（7）其他设施。

3.2.2 布置原则

（1）满足施工总体布置和总进度计划的要求。

（2）运输线路的布置应满足运输量和运输强度的要求，注意充分发挥运输效率。

（3）生产、生活设施的布置应适应截流工程规模和施工现场情况，应充分利用已形成场地，并应遵循有利施工、方便生活的原则。

（4）遵守国家环保相关规定，为美化施工环境创造条件。

3.2.3 布置技术要点

（1）布置要点。

1）运输线路布置是截流施工布置的关键内容，直接影响截流施工的成败，需要结合截流方式、抛投强度、运输设备、料场分布等综合分析后确定，线路宽度（包括戗堤进占过程中的宽度）应力争做到运输畅通无阻。为了顺利卸料，还应周密考虑布置经济的回车场，并加强组织指挥。有条件的情况下应尽量布置成环形通道。

2）生活、办公及仓储尽量利用工地现有设施，截流施工区内只布置临时指挥和维修服务设施。

3）施工临时设施布置要有利生产、方便管理、安全可靠、经济合理。

（2）三峡工程三期导流明渠截流施工布置。三峡工程三期导流明渠截流，采用双戗双向（下戗单向）立堵截流方式，截流合龙时段选在2002年11月6日，截流设计流量为10300m^3/s，相应截流设计总落差为4.11m。导流明渠截流合龙时段最大日抛投强度11.46万m^3（上游戗堤5.44万m^3、下游戗堤6.02万m^3，含流失量），高于葛洲坝工程大江截流。左岸为孤岛，上游左侧备料数量有限，以右岸单进抛投为主。其截流布置难度较大，也很有代表性，具体截流布置见图3-1。

1）施工道路。其上、下游料场布置环形通道，取料工作面布置避免相互干扰。上、下游截流大道，路面宽33～35m，满足截流运输车辆四车道通行要求。为满足上游围堰双向进占要求，将混凝土纵向围堰上纵头部由高程83.50m爆破拆除至高程72.00m。

A. 前期已经形成的施工道路。截流前进入上、下游施工区的交通干道已形成，场内施工道路可通过西陵大道、右岸上坝公路、三让路、让茅路等与对外交通相衔接。前期主要施工交通道路及建筑物特性见表3-3。

B. 新增施工道路。为了满足截流强度需求，新增施工道路有6条，包括备料场道路和左右岸截流道路，各施工道路主要根据备料场位置、围堰填料的先后次序及保证高强度填筑时车辆运行畅通进行布置。新增施工道路为：

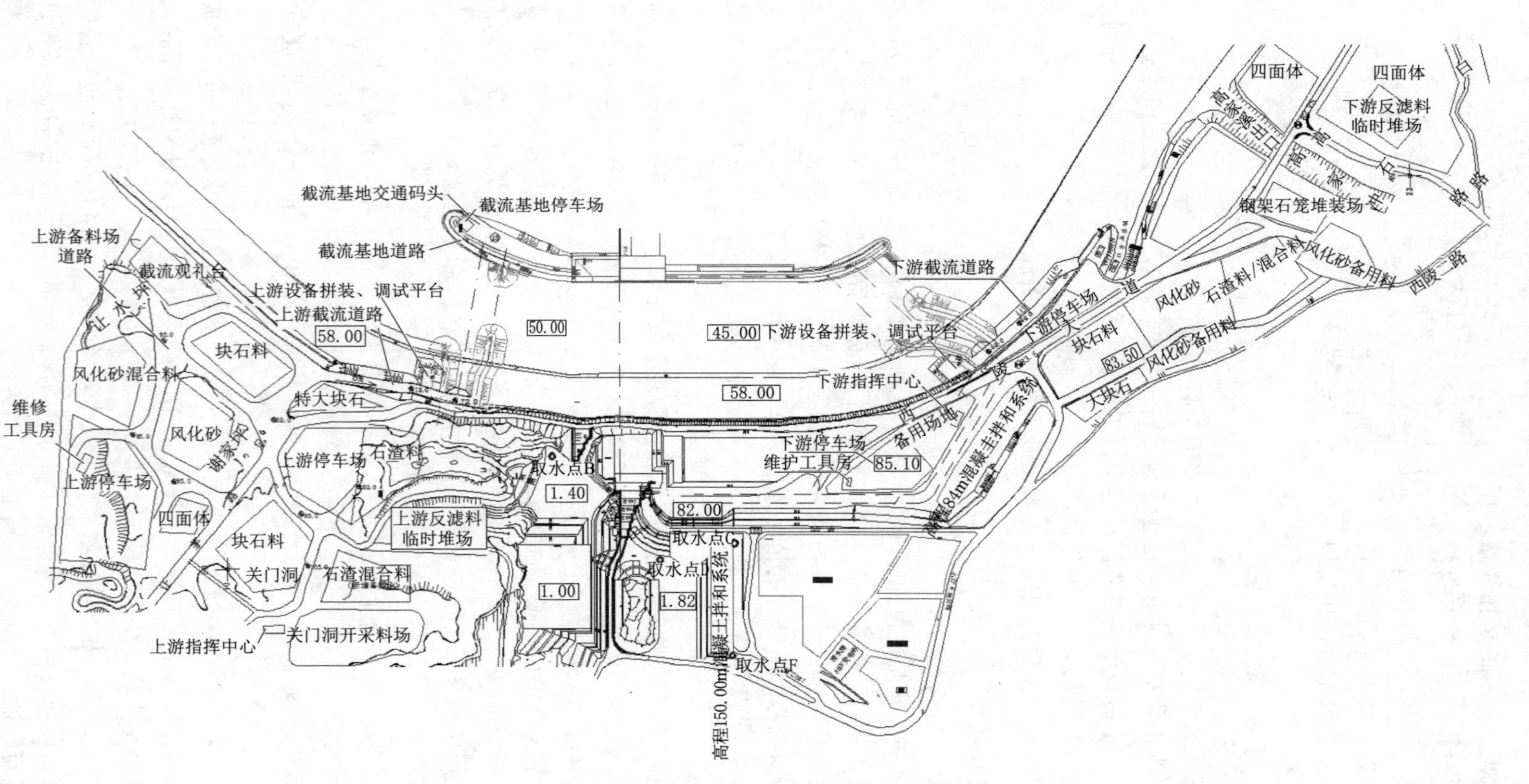

图 3 - 1　三峡工程三期导流明渠截流布置图

表 3-3　　三峡工程三期导流明渠截流前期主要施工交通道路及建筑物特性表

名　称	长度/km	宽度/m		路面型式	荷载标准
		路基	路面		
江峡大道坝陈段	2.46	37.3	27	混凝土	汽-54
右岸上坝公路	1.5	15	12	混凝土	汽-54
西陵长江大桥	1.5	18	15	混凝土	汽-36、挂-200
西陵大道	6.41	24	14.3	混凝土	汽-54
大沱路	1.32	25	15.3	混凝土	汽-36
西陵大道延长段	0.31	24	14.3	混凝土	汽-54
120 一号路	0.6	13.5	9.0	碎石	汽-20
120 二号路	0.55	13.5	9.0	混凝土	汽-36
三让路	1.89	12.0	11.0	碎石	汽-36
杨家湾码头	装卸设备最大起重量为 40t				
左岸重件码头	装卸设备起重量为 2×300t				

上游右岸截流道路：沿明渠上游石渣护坡通往上游截流戗堤，道路起始高程 82.00m，沿明渠护坡到石渣混合料堤高程 72.00m，再向下游延伸至戗堤部位，全长 380m，路面宽 25m，最大纵坡 6%，路面基础铺 60cm 厚石渣，路面铺 25cm 厚泥结碎石。道路填筑主要采用石渣和石渣混合料，属于围堰堰体部位按围堰填料要求填筑，道路外侧抛填 80cm 厚的块石护坡。

上游左岸截流基地道路：在拆除纵向围堰上端头后沿高程 70.00m 平台回填 2m 至高程 72.00m，形成从截流基地到上游截流戗堤左端头的进占道路，道路在靠明渠左侧混凝土纵向围堰高程 70.00m 平台边缘砌筑 2.5m 高浆砌石挡墙，道路长 120m，路面宽 12m，表面铺 20cm 厚碎石。

上游左岸截流基地码头及道路：为截流前由水上至截流基地的运输交通码头，沿导流明渠进口护坡右侧布置。码头采用开挖形成斜坡道，从高程 72.00m 到临江面的 69.00m，全长 40m，路面宽度 12m，纵坡 8%，路面铺 20cm 厚泥结碎石。

下游右岸截流道路：沿明渠下游护坡通往下游截流戗堤，道路起始高程 82.00m，沿明渠护坡开挖到下游截流戗堤高程 69.00m，再水平延伸至石渣混合料堤高程 69.00m 部位。道路全长 300m，路面宽 25m，最大纵坡 8%，路面基础铺 60cm 厚石渣，路面铺 20cm 厚泥结碎石。道路外侧抛填 80cm 厚的块石护坡。

上游备料场道路：在备料场之间布置成环行线，与让茅路和上游截流道路相接。该道路根据地形和现有备料道路加以拓宽和延伸形成，路面宽度为 15～25m，路面铺 20cm 厚泥结碎石，最大纵坡 6%。

下游备料场道路：分别从西陵大道和上坝公路到备料场，分层开采。道路根据地形和现有备料道路加以拓宽和延伸形成，路面宽度为 15～25m，路面铺 20cm 厚泥结碎石，最大纵坡 8%。

新增临时施工道路特性见表 3-4。

表 3-4　　三峡工程三期导流明渠截流新增临时施工道路特性表

名　称	起讫高程/m	长度/m	路宽/m	最大纵坡	路面型式	工程量/m³		使用时段	备注
						填方	挖方		
上游右岸截流道路	82.00～72.00	380	25	6%	泥结碎石	113600	2250	2002年10月—2003年1月	后期加高到高程83.50m
上游左岸截流基地道路	70.00～72.00	120	12		泥结碎石	7400		2002年8月—2003年1月	
上游左岸截流基地码头及道路	72.00～69.00	40	12	8%	泥结碎石	150		2002年8月—2003年1月	斜坡道
下游右岸截流道路	82.00～69.00	300	25	8%	泥结碎石	155400		2002年10月—2003年1月	后期加高到高程81.50m
上游备料场道路		2000	15～25	6%	泥结碎石	6000		2002年8月—2003年1月	料场间环行路
下游备料场道路		1000	15～25	8%	泥结碎石	11800	8000	2002年8月—2003年1月	

2）施工临时设施布置。

A. 上、下游指挥中心。上游指挥中心前期布置在关门洞开采料场左侧茅坪二期值班室附近，截流备料完成后，布置在导流明渠进口右侧12号料场上游，共布置集装箱19个共340m² 作为上游围堰施工的指挥中心，同时负责整个三期土石围堰工程的施工部署。上游左岸截流基地布置30m² 活动房作为左岸截流临时指挥所。下游指挥中心位于茅坪溪泄水隧洞出口上游15号场地，布置240m² 活动房作为下游围堰施工的指挥中心。

B. 停车场。上游停车场位于导流明渠进口12号场地上游，总面积22000m²，为截流期间上游施工设备的临时停放和维护场地，场内布置120m² 活动房，作为维护人员值班和存放工具房。下游停车场位于14号场地，总面积43000m²，为截流期间下游施工设备的临时停放和维护场地，场内布置120m² 活动房。

C. 设备拼装调试平台。在上下游截流戗堤填筑进占的同时，分别在上、下游围堰的右上角各填筑形成一块50m×50m的设备安装平台，用于振孔高喷设备的拼装调试。

3）仓储系统布置。

A. 备料场。备料场根据实际复核数量进行布置，新增备料场地主要为石渣混合料备料场、钢架石笼和合金钢网石兜堆装场及反滤料临时堆场。新增石渣混合料备料场位于关门洞开采料场左侧，总面积35000m²。钢架石笼和合金钢网石兜堆装场位于高家溪靠近西陵大道旁右岸油库原址和3号料场，占地面积5000m²。反滤料临时堆场位于6号场地和16号场地下游原洞挖堆料场，占地面积各为10000m²。

B. 油库。右岸现建有青树坪油库作为本标段油库，油库总占地面积7000m²，采用3台加油机配1台加油泵，设油罐4个，总库容120m³。现场加油采用油罐车运到现场。

C. 物资仓库。利用右岸现有白庙子物资仓库，作为设备配件和施工材料的临时转存仓库。

4）供电布置。

A. 施工用电负荷及用电量。截流施工用电项目主要有土石方开挖、基础处理、空压站、基坑排水及夜间施工照明等，根据工期安排和设备配置，用电设备总装机容量

15665kW，总用电量5483600kWh。

B. 施工供电电源。施工主电源主要由右岸浸水湾（新）、浸水湾（旧）、高家溪、白庙子4个35/6kV变电所各引出1回6kV电源（共4回），补充备用电源由覃家沱35/6kV变电所提供；备料场、截流基地的供电，就近在现有6kV线路上“T”接电源。

C. 6kV供电网络布置。根据施工场地布置及施工需要，在高程140.00m平台和下游土石围堰西陵大道右侧各设置6kV开闭点，经开闭点分别架设6kV线路至上、下游围堰堰顶，供各部位施工用电。

上游围堰截流场地：从浸水湾变电所引出2回6kV线路，经高程140.00m平台沿施工道路至上游围堰堰顶；另从泄洪坝段泄23号坝段高程120.00m栈桥供电点敷设1回6kV电缆至上纵混凝土围堰，供上游围堰施工、照明及基坑排水等电源。

下游围堰截流场地：从白庙子变电所引出2回6kV线路，经西陵大道右侧截流场地3附近开闭点至下游围堰堰顶，高家溪变电所作为备用电源；另从泄23号泄洪坝段高程120.00m栈桥供电点敷设1回6kV电缆至下纵混凝土围堰，供围堰施工、基坑排水及照明等电源。

其他施工场地：其他施工场地用电，分别从4回6kV主干线路上“T”接6kV支线路至各施工部位。

D. 施工照明。为了满足上、下游土石围堰填筑和截流需要，在上、下游土石围堰右岸侧和上纵围堰高程82.00m平台上各布置一座高排灯，下纵围堰利用前期已有二期工程高排灯，高排灯采用金卤灯、探照灯、射灯组合以提高亮度，并且随着围堰进占，可直接在围堰施工部位安装移动式金卤灯和碘钨灯，满足局部照明需要；料场的照明可根据开挖布置利用就近变压器安装移动式金卤灯和碘钨灯。

5）通信设施布置。

A. 上游围堰截流场地。从右岸坝头高程185.00m平台电话端口接点处架空市话电缆（HYV2-50×50×0.5）至高程182.00m平台，并安装电缆分线盒，从该处架设市话电缆（HYV2-20～10×2×0.5），经高程140.00m平台至上游截流场地，并安装电缆分线盒，从分线盒敷设专用电话线至现场值班室。

B. 下游围堰截流场地。从西陵大道右岸上坝公路口电话端口接点处架空市话电缆（HYV2-20×2×0.5）至西陵大道左侧，并安装电缆分线盒，从分线盒架空市话电缆（HYV2-10×2×0.5）至截流场地，并安装电缆分线盒，从分线盒敷设专用电话线至现场值班室。

C. 有线电话单机布置。施工现场范围内设10部有线电话单机。其中4部安装在现场指挥所具备内外线直拨功能；其余6部只需内线直拨。另现场生产协调配置无线对讲机和手机。

3.3 截流施工机械设备

3.3.1 截流施工机械类别

（1）挖掘、装载机械，有单斗挖掘机、装载机、斗轮挖掘机等。

(2) 运输机械，有自卸汽车等。

(3) 铲运机械，如推土机等。

(4) 起重机械，如吊车等。

(5) 水上机械，如铲扬、驳船等。

对于平堵截流，尚需架设浮桥或栈桥，有时也利用缆机抛投。对于混合截流方式中的平抛，通常可使用一般驳船、开底驳和各种特制的抛石船等。葛洲坝工程大江截流施工机械设备与数量见表 3-5。

表 3-5　葛洲坝工程大江截流施工机械设备与数量

名称	规格	数量		
		左岸	右岸	合计
自卸汽车	20～27t	89	98	187
	45t	6	7	13
	45t 平板	8	8	16
起重机	30t 平板	8	8	16
	110t 轮胎式	1		1
	$4m^3$ 索铲改装	1	2	3
	90t 轮胎式	1	1	2
	40t 轮胎式	2	2	4
	35t 轮胎式	2	3	5
	25t 轮胎式		3	3
	16t 轮胎式	6	4	10
	$4m^3$ 电铲改装 3	3		3
推土机	D155A　320HP	2		2
	D9H　410HP		2	2
	D80　180HP	8	8	16
	宣化　120HP	2	2	4
装载机	斗容 $5～6.9m^3$	2	5	7
驳船	海狸 4604A 型挖泥船			1
	$350m^3/h$ 挖泥船			2
	$4m^3$ 铲扬式挖泥船			2
	$250m^3/h$ 链斗式挖泥船			5
	底开式 $250m^3$ 泥驳			5
	底开式 $120m^3$ 石驳			6
	$210m^3$ 侧翻船			2

3.3.2　施工机械选择原则

(1) 所选机械的技术性能应适合截流工作的性质、截流施工场地大小和截流材料运距远近等施工条件，充分发挥机械效率，保证施工质量；所选配套机械的综合生产能力，应满足截流施工强度的要求。

（2）注意机械配置的经济性，所选机械的购置和运转费用少，劳动量和能源消耗低。

（3）选用适应性比较广泛、类型比较单一和通用的机械，并优先选用成批生产的国产机械。

（4）应注意所用机械的配套成龙，充分发挥主要机械和费用高的机械的生产潜力。

（5）应首先立足于选择工地现有设备，除特殊设备外，一般不新购设备。

3.3.3 施工机械设备配置

（1）截流抛投强度计算。

1）抛投强度计算有关参数如下：①月工作日按 25 日计，日工作小时按 20h 计，台班工作小时按 8h 计。②施工强度不均匀系数：非龙口部分：1.3；龙口部分：2。

2）龙口段抛投强度按式（3-1）计算：

日平均抛投强度：
$$R=\frac{V_{龙口}}{T} \tag{3-1}$$

日最大抛投强度：
$$R_{max}=KR$$

小时平均抛投强度：$\bar{r}=\frac{\bar{R}}{20}$，小时最大抛投强度：$r_{max}=K\bar{r}$

式中 $V_{龙口}$——龙口抛投总工程量，m^3；

T——设计完成龙口抛投工程量的时间，d；

K——抛投不均匀系数，采用 $K=2$。

（2）非龙口段所需施工机械数量计算。

非龙口段戗堤填筑基本上与一般土石方工程类似。设计实用机械配置数量 n 按式（3-2）计算：

$$n=\frac{月施工强度}{机械月产量}(不另加备用量) \tag{3-2}$$

（3）龙口段所需施工机械数量计算。

1）机械台班产量计算。龙口施工不均衡性突出，主要机械如汽车、挖掘机等均不可避免有等卸、停车等中断时间。机械台班产量参照国内三门峡、丹江口等工程实测资料和有关资料，按下述各公式计算。

2）自卸汽车台班产量。截流施工中采用的自卸汽车载重吨位、台班产量应考虑工地现有自卸汽车的使用情况，并参照国内其他截流工程的实际资料通过分析拟定。自卸汽车台班产量按式（3-3）计算：

$$W=\alpha K_B\frac{60}{t}\omega \tag{3-3}$$

式中 W——自卸汽车台班产量，m^3；

α——台班工作时间，h，按 8h 计；

K_B——台班时间利用系数，葛洲坝工程采用：10～16t 汽车运块石为 45%，10～16t 汽车运块石串为 35%，20～25t 汽车运混凝土块为 40%；

t——汽车运转一个循环所需时间（min），$t=t_1$（装料）$+t_2$（卸料）$+t_3$（运行），葛洲坝工程采用：10～16t 汽车运块石、石串为 10km/h，20～25t 汽车运混凝土块为 6km/h；

ω——平均每车装载量，采用表 3-8 中的数值。

表 3-6 列出有关工程 t_1（装料）、t_2（卸料）采用数值，t_3（运行）按重运、空回平均计。表 3-7 列出有关工程平均行车速度。

表 3-6　有关工程 t_1（装料）、t_2（卸料）采用数值

工程	汽车	运载物资	装车机械	t_1/min		t_2/min	
				装车	装料场回车	卸料	卸料点回车
三门峡	UN10	石渣	AQ-3 电铲	1.2～1.6	0.52	0.4～0.6	0.7～0.77
	TATRA	3～5t 大块石	Q-1004 电铲改装起重机	3.5	0.7	1.5	2.03
	MA3-525	15t 混凝土块体	Q-1004 电铲改装起重机	2.25	0.75	0.35	1.89
丹江口	UN10	>0.5m 块石	人工装料台	10.3		0.5	0.5
	TATRA	5t 混凝土立方体	5t 汽车吊	4.6		2.1	2.5
	MA3-525	10～15t 四面体	20t 门机	2.2		2.5	6.5
葛洲坝	10～16t	运中小石	3～4m³ 电铲	1.5	0.5	1.0	1.5
	20～25t	运大石	3～4m³ 电铲	3.0	1.0	1.0	2.5
	10～16t	运石串	履带吊	5.0	1.0	1.5	2.5
	20～25t	运混凝土块体	履带吊	2.5	1.0	1.5	2.5

表 3-7　有关工程平均行车速度　　单位：km/h

工　程	汽　车		
	UN10	TATRA	MA3-525
三门峡	18.48	14.4～17.8	4.44
丹江口	5.9	6.5	7.8

表 3-8　平均每车装载量

运载物资	自卸汽车载重吨位					
	10t	16t	20t	25t	30t	45t
块石、石渣/m³	4	6	8	10	12	18
块石串（每串 3～5t）/串	3	3	3	3	4	6
大型混凝土块（15～25t）/块		1	1	1	1	1～2

3）电铲台班产量。3～4m³ 电铲用于自卸汽车装块石、石渣。其使用条件堆料高度不小于 4m，最大允许块石粒径 1.2～1.4m。电铲实用小时生产率按式（3-4）计算：

$$Q=\frac{3600}{t}K_h q \tag{3-4}$$

式中　t——每斗循环时间，s，三门峡水电站工程中实测大石（0.8～1.2m）每斗为 18.6s，中小石（0.8m 以下）每斗为 20s；

K_h——充盈系数，三门峡水电站工程中实测大石为0.615，中小石为0.77；

Q——电铲斗容量。

电铲实用台班生产率：

$$W=8K_BQ$$

式中 K_B——台班时间利用系数，三门峡水电站工程实测平均为0.75。

根据原水电部1966年施工指标：3m³ 电铲挖石渣装10～12t自卸汽车，堆渣高度2～4m,其产量：480m³/台班。葛洲坝工程截流块石料0.5m以上占多数，且堆料高度较三门峡水电站工程为低，采用定额大于三门峡水电站工程，葛洲坝工程采用500m³/台班。

4）起重机（履带吊、汽车吊）台班产量。起重机用于吊混凝土块、大块石上汽车，其台班产量按式（3-5）计算：

$$W=\frac{K_ST_P}{t_P} \tag{3-5}$$

式中 K_S——台班时间利用系数，三门峡水电站工程使用Q-1004型1m³ 电铲改装吊车起吊大块石及15t四面体，实测定额、台班有效工作时间，大石取65%，混凝土块取40%；

t_P——平均循环时间，三门峡水电站工程实测大石 $t_P=3.6$min、混凝土块 $t_P=4.3\sim4.9$min，丹江口水电站5t汽车吊混凝土块 $t_P=7.3$min；

T_P——台班时间（按8h）。

5）500t自卸抛石船台班产量。其产量为700m³/台班。

3.3.4 机械设备数量计算

机械设备数量可根据计划安排的施工强度、机械生产率，并考虑一定的备用量按式（3-6）计算求得

$$n=\frac{\text{台班施工强度}}{\text{机械台班产量}}\times K_1 \tag{3-6}$$

式中 K_1——机械备用量系数，一般取1.3。

3.4 截流抛投进占

通过水力计算或模型试验，可以掌握截流过程中的水力特性变化规律，对于平堵而言，可根据其变化，抛投不同粒径的物料。对于立堵而言，可进一步研究水力特性的变化而采用不同的抛投技术，以改善截流条件。

3.4.1 非龙口段进占

（1）施工技术要点。

1）根据非龙口段进占时间和设计进占流量条件，戗堤进占高程定在离水面1.0m左右，以增加戗堤进占宽度和提高进占强度，减少抛投料流失。

2）非龙口段填筑料采用自卸汽车运输，端进法抛填，使大部分抛投料直接抛入江中，推土机配合施工；深水区进占时，为确保安全，部分采用堤头集料，推土机赶料抛投。非

龙口段施工在实践和摸索中不断改进抛填方式。

3）非龙门段进占抛投材料，一般采用石渣料全断面抛投施工，进占过程中，如发现堤头抛投材料有流失现象，则在堤头进占前沿的上游角先抛投一部分大、中石，在上挑角保护下，再将石渣抛填在戗堤轴线的下游角尾随跟进。

4）在进占过程中，戗堤顶部碎石或粗颗粒风化砂尾随铺筑，并派专人养护路面，确保龙口合龙过程中大型车辆畅通无阻。

（2）三峡工程大江截流非龙口段进占。三峡工程大江截流设计合龙流量14000～19400m³/s，采用单戗立堵双向进占，下游围堰石渣戗堤尾随跟进。截流戗堤位于二期上游围堰的下游侧，1997年汛前已通过预进占形成460m宽口门。为了满足长江通航要求，在1997年9月和10月按旬控制非龙口段进占长度，10月下旬形成130m宽口门，11月上旬合龙。为减小龙口水深，以有利于防止合龙过程中戗堤堤头坍塌，降低合龙进占抛投强度，在龙口河床预平抛垫底至高程40.00m。

1）进占程序。大江主河槽两岸为滩地，深槽居中，上、下游戗堤进占分阶段由两岸逐步向深槽推进，上游戗堤在深槽段形成截流龙口，下游石渣堤尾随上游戗堤进占，口门宽度始终比上游宽80.0～120.0m。

上游截流戗堤口门宽797.4～460.0m为预进占段，口门宽460.0～130.0m为非龙口段，130.0～0.0m为龙口段。

下游石渣堤口门宽830.4～480.0m为预进占段，口门宽480.0～240.0m为非龙口段，240.0～0.0m为龙口段。

2）预进占施工与堤头防护。

A. 预进占施工。二期围堰预进占段要求填至高程79.00m，高程69.00m（下游为68.00m）以下为水下抛填施工，高程69.00（下游为68.00m）～79.00m为陆上分层填筑。上游左岸预进占段填筑于1996年12月开始，从试验段高程79.00m戗堤顶面以10%～13%的纵坡比逐步降至高程69.00m，至1997年2月达到设计要求的进占长度和高程；右岸预进占段填筑于1996年12月开始，从一期土石围堰防冲平台高程70.00m降至高程68.00m，至1997年3月完成预进占段施工。下游左岸预进占段填筑于1996年12月开始，至1997年3月底完成预进占段及60.0m延伸段施工任务；右岸预进占段填筑于1996年12月开始，至1997年3月完工。

预进占段水下施工采用32～77t自卸汽车运输，端进法抛填，使大部分石料直接倒入江中，推土机配合。当水深较大时，为安全起见，采用堤头集料、推土机赶料的方式进行抛投。陆上填筑采用32～77t自卸汽车运输卸料，220～420HP推土机平料，13.5t以上振动碾碾压，各类填料的压实参数经试验选定。堰体各部位的填筑都要求严格按设计断面施工，分层摊铺，分层碾压，填料开采、装运、铺料、碾压等工序要彼此衔接，保证堰体均衡上升。

B. 堤头防护。为确保1997年安全度汛，二期围堰预进占段各堤头需在汛期到来之前形成足以抵御20年一遇洪水的防冲裹头，其中戗堤在迎水面上游挑角抛投中石护坡压脚，堰体则采用5层编织袋装风化砂和过渡料进行防护，水下为船抛施工，坡比按1∶2控制，水上用人工砌筑形成1∶1.5的边坡。

3）非龙口段进占。1997 年 9 月 12 日开始非龙口段戗堤进占，从左、右岸预进占段截流戗堤堤顶高程 79.00m，用反铲和推土机配合把堤头降至高程 75.00m，形成宽 30.0m 的运输斜坡道，然后再从高程 75.00m 按左岸 6.6%、右岸 6.25%的纵坡逐步下降至高程 69.00m 抛投，并在堤顶铺垫 20.0～30.0cm 厚的人工碎石或粗砂，以利车辆通行。

非龙口段施工按设计分月、分旬控制进尺，9 月底将上、下游戗堤口门分别束窄至 360.0m、380.0m，10 月底上游形成 130.0m 宽的截流龙口。在进占过程中，根据堤头稳定情况选用两种抛投方式：采用 32～77t 自卸汽车在堤头直接卸料，全断面抛投，自卸汽车后轮距堤顶边缘 2.5～3.5m；深水时，采用堤头集料、推土机赶料的方式抛投。

当长江流量较大，堤头流速超过 4.0m/s 时，要采用抛投大石或中石的方法对非龙口段进行防冲保护，堤头和迎水侧的边坡按 1：1.3 控制。

3.4.2 龙口段进占

龙口段进占方法以立堵截流为例。

1. 进占方法

在立堵进占过程中，随水力特性的变化，可划分为不同区段，就不同区段的特点，采用不同的抛投技术。随龙口的缩窄，按水力条件，可划分为以下区段，针对不同的区段采用合适的抛投材料和抛投技术。

（1）明渠均匀流区段。本区段缩窄龙口较小，根据地形条件、导流泄水能力及流态等可确定其范围，一般来说，约占龙口总宽度的 10%～15%。龙口流速与落差增长不明显，水流平衡，类似明渠水流。在此区段内，因无冲刷发生，可以不预先设定抛投方式，而采用端部全部抛投齐头并进［见图 3－2（a）］，以最大限度地利用抛投前沿工作面，此时抛投材料多采用一般石渣。

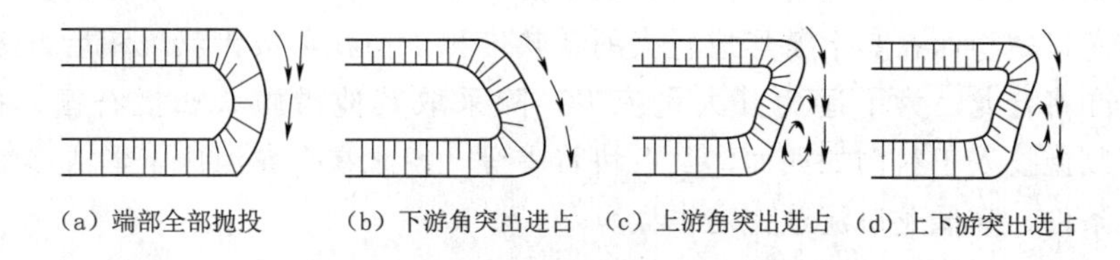
(a）端部全部抛投　（b）下游角突出进占　（c）上游角突出进占　（d）上下游突出进占

图 3－2　立堵截流戗堤进占的不同型式

（2）淹没堰流区段。本区段的水流特征是落差与流速均有较明显的增长，龙口过水能力基本符合淹没宽顶堰规律。在此区段，流速对抛投材料的冲刷能力较前加剧，戗堤端坡出现流线形的冲刷面［见图 3－2（b）］。此时，为了顺利进占，应根据流速或单宽能量的大小，合理选择抛投材料粒径。此外，还要预先设定抛投方式。一般来说，抛投重点应放在上游边线处，即上挑角抛投，将大块体料稳定在上游坡角处［见图 3－2（c）］，其他部位即可采用一般石料顺利进占。当进占遇到困难较大，下游侧回流淘刷，一般石料难以进占时，可采用上下游突出的方式［见图 3－2（d）］。此时，先在上游侧抛投大块体料，将水流挑离戗堤，再用大块体料抛投下游侧，将落差分担在上下游侧。然后，再用一般石料在中间抛投，如此轮番交替抛投，可大大减少抛投材料的流失，从而使戗堤得以有效地进占。

国内外立堵截流工程一般均采用上述抛投技术。实践证明，丹江口水电站工程采用上游角突出进占是有利的，四面体和立方体的抛投方向约与戗堤轴线成30°～45°角。

葛洲坝工程大江截流由3～4辆自卸汽车在宽25m的戗堤端部同时抛投。混凝土四面体和大石从戗堤上游侧抛投在上挑角，含有一定数量的大、中石的石渣混合料抛投在上挑角以下的堤头部分。由于采用了6m的上挑角抛投，保证了其下游侧的进占。

(3) 非淹没堰流区段。本区段的水流特征是龙口水流收缩较大，落差有较大的增长。此时的龙口过水能力取决于上游水深而与落差无关。本区段内龙口流速与单宽能量将逐步达到最大值，如不采取措施，下游将形成舌状堆积。当继续采用一般石渣料时，将在舌状堆积的基础上，顺水流方向形成缓坡，然后逐步向前进占。为避免抛投料的大量流失，通常需采用重型岩块、石串和人工抛投料及其串体，重点抛投上挑角以及上下游突出进行。在条件许可时，可将戗堤进占方向转一角度偏向上游，以形成较大滞流区。如流速过大，可考虑采取其他人工措施，如设置拦石栅、拦石坎等。

有时为了减轻进占难度，利用河势将整个戗堤头部按上挑角抛投，从而改变整个戗堤进占的方向。一般将戗堤轴线按偏向上游30°～45°布置，即可起到良好的挑流作用。天桥水电站采用了此方法，收到了良好的效果。苏联布赫塔尔明水电站工程，当落差达到0.40～0.45m时，上游角采用与河流向成70°进占，从而使下游角形成静水区，即使粒径6.0～10.0cm的碎石抛投也不见流失。美国达勒斯水电站工程也采用了类似的方式。

(4) 合龙区段。此时，戗堤坡脚已接触或接近龙口对岸。由前述所知，当第2阶段即三角形断面龙口开始形成、水流已转入非淹没流时，龙口轴线最大平均流速和最大有效单宽能量将出现在三角形断面开始形成的时刻，大部分截流工程都将在此时刻达到最大值。在合龙区段内，龙口流量与流速均有显著下降而落差却有较大增长。此时的水流特征基本上符合实用断面堰的规律，上游壅高较大而下游则流速较大。在不采取任何措施时，一般石料不易在龙口站稳而在其下游形成较大的舌状堆积。但在形成舌状堆积后继续以一般料抛投，最终亦将合龙。为了避免其大量流失，除采取其他措施（如拦石栅、拦石坎等）外，在上游侧抛投人工料例如四面体及大块石串等，使之在合龙河床上形成多级落差，这对改善截流条件，降低龙口流速作用很大。

葛洲坝工程大江截流在进占到龙口宽度30～10m、流速达7m/s以上时，要形成上挑角也十分困难。此时，采用2～3个抛投料串体，利用重型推土机一次推入急流；也采用锚系措施，将四面体用钢缆与上游端已稳定的四面体串联，从而有效地突破了困难段，顺利进占乃至合龙。

国外也有不少工程采取锚系措施，使得立堵截流困难区段得以顺利进占。苏联乌斯季伊利姆水电站工程采用5～15t岩块由22～25mm的钢缆联结，抛投时设置一个于堤顶上游侧，其余由推土机投入龙口，效果良好。美国大约瑟夫水电站工程也利用锚系的方法，石块上钻孔穿上钢索锚系，最后合龙段在采用此方法后下游边坡自1∶5减为1∶1.5。

以上的区段划分，是就单戗单向或双向进占而言，具体划分区段时，可随其水力特性的变化、抛投材料粒径的大小等因素加以合并或扩大。

根据水力条件，可以将抛投材料按粒径分区。葛洲坝工程根据合龙过程中的流速、落差情况（表3-9），为便于控制抛投施工，将龙口分成4个区段。

表 3-9　　葛洲坝工程大江截流设计条件（$Q=7300m^3/s$）的龙口水力特性

项　目	龙　口　分　区			
	1	2	3	4
进占龙口宽/m	220～150	150～80	80～36	36～0
龙口水深/m	8.74～8.25	8.25～8.97	8.97～9.36	9.36～4.47
单宽流量/[m^3/(s·m)]	23.9～28.3	28.3～35.7	35.7～48.4	48.4～14.6
平均流速/(m/s)	2.95～3.99	3.99～5.03	5.03～6.17	6.17～4.32
落差/m	0.64～1.15	1.15～1.87	1.87～2.53	2.53～2.70
单宽能量/[(t·m)/(s·m)]	18.3～39.1	39.1～80.1	99.8～147.0	147.0～47.4
流态	淹没	淹没	$b=45m$ 转为非淹没	非淹没

根据龙口的水力特性，各区分别采用不同的抛投材料（见表 3-10）。

表 3-10　　葛洲坝工程大江截流抛投材料与数量

分区	进占龙口宽度/m	进占长度/m	抛投材料					抛投工程量/万 m^3	备注
			块石/万 m^3			混凝土四面体			
			大石	中石	小石	15t/个	25t/个		
1	220～150	左 35 右 35	0.16 0.17	2.24 2.38	0.80 0.85			3.2 3.4	小石粒径20～30cm，中石粒径 40～70cm，大石粒径大于 1m
2	150～80	左 35 右 35	0.60 0.60	2.15 2.15	0.50 0.50	100 100	100 100	3.3 3.3	
3	80～36	左 22 右 22	1.00 1.00	1.43 1.43	0.30 0.30	450 450	450 450	3.0 3.0	
4	36～0	左 18 右 18	0.30 0.30	0.45 0.45	0.10 0.10	100 100	100 100	0.9 0.9	
合计	220	左 110 右 110	2.06 2.07	6.27 6.41	1.70 1.75	650 650	650 650	10.4 10.6	

2. *施工技术要点*

（1）龙口合龙采用上下游双戗堤进占，控制戗堤顶面高出水面 1m 左右。抛投进占过程中，视堤头边坡稳定情况，自卸汽车将块石及混凝土预制块、合金钢网石兜尽量直接抛入水中，同时，对卸在堤头前沿上的块石及混凝土预制块用大马力推土机推入水中，每个堤头配备 1～2 台大马力推土机。

（2）截流施工所需各种大型机械设备（自卸汽车、挖掘机、装载机、推土机、吊车等）做好检修，以保证设备的性能完好，操作人员经过培训后持证上岗。

（3）加强对戗堤上的施工机械及工作人员统一指挥，为防止堤头坍塌危及汽车及施工人员的安全，在堤头前沿设置一排石渣埂，并配备专职安全员巡视堤头边坡变化，观察堤头前沿有无裂缝出现，发现异常情况及时处理以防患于未然。

（4）鉴于龙口合龙抛投强度大，抛投材料多，对抛投同一种材料的汽车均标上相同标记，并分队编号，以便于指挥。一个车队的车辆尽量装运固定料场的抛投材料。

（5）龙口段截流进占过程中水文测验资料须及时报送截流指挥部，以便于根据龙口水力学指标调整抛投材料，确保截流龙口合龙成功。

3. 三峡工程大江截流龙口段进占

三峡工程大江截流于1997年9月12日起由非龙口段开始进占，形成上、下游围堰戗堤和堰体全面大规模进占施工局面。10月14—15日，施工单位组织进行实战演习，创造了日抛投强度19.4万m^3/s的世界纪录。10月23日上游截流戗堤形成龙口130m，下游戗堤口门宽202m。据水文预报，后三天流量为10600～9400m^3/s，且呈降势。建设各方决策10月26—27日龙口突击进占，当龙口在100m左右，进入困难段，采用大块石和特大块石挑角抛投，然后一举进占形成宽40m的小龙口。11月8日9：00—15：30，完成40m小龙口合龙。

（1）堤头车辆行车线路布置。在戗堤堤头上，将重车分成三路纵队，其中靠上游侧两路，下游侧一路，中间留一条空车退场道。堤头线路布置分3个区：抛投区长40.0～45.0m；编队区长40.0～45.0m；重车进场及回车区长70.0～100.0m。为缩短倒车距离，加快抛填速度，在右岸截流戗堤下游侧距龙口100.0m处，用石渣料增填一个长40.0m、宽20.0m的回车平台；左岸则利用跟进填筑的堰体部分进行回车。

为保证足够的强度，在戗堤堤头布置4个卸料点，轴线上、下游侧各两个。另外，根据不同区段填料的要求采用不同的编队方案：第一区段（口门宽130.0～80.0m），一路大车（77t）靠上游侧抛填特大石、大石和中石，两路小车（45t）在下游侧3个卸料点抛填石渣；第二区段（口门宽80.0～50.0m），两路大车靠上游侧两个卸料点分别抛填特大石、大石和中石，一路小车在其余两个卸料点尾随抛填石渣料；第三区段（口门宽50.0～0m），大车和小车各一路，靠上游侧分别在两个卸料点抛投特大石、大石和中石，另外有一路小车在下游侧两个卸料点尾随抛填石渣料。

为确保堤头车辆安全，在戗堤下游侧加宽2.5m，使汽车轮缘距戗堤侧边线的距离达到3.5m以上。

各类填料的车队分别配以不同颜色、数码的标志，堤头指挥人员以相应颜色的旗帜分区段指挥编队和卸料。

（2）堤头抛填方式。龙口段施工主要采用全断面推进和凸出上游挑角两种进占方式，其抛投方法拟定采用直接抛投、集中推运抛投和卸料冲砸抛投3种。根据进占方式不同，将龙口段分成3个区段进行抛填。

第一区段（口门宽130.0～80.0m）。该区段具有水深大（最大29.0m）、抛填强度大（最大4083m^3/h）、龙口流速小的特点。抛投采用中石和石渣全断面进占，特大石和大石抛在迎水侧抗冲，石渣料与中石齐头并进。为满足高强度抛投，可视堤头的稳定情况，一部分采用自卸汽车直接抛填，另一部分采用堤头集料、推土机赶料的方式抛投。但在100.0～80.0m段为坍塌频繁区，则全部采用堤头集料方式填筑。堤头每次集料量约100m（4～5车），推土机距堤头边线30.0m。推土机赶料时，汽车卸料后轮距堤头边缘控制在5.0～7.0m。直接卸料时，大车（77t）后轮距堤头边缘不小于3.5m，小车（45t）

后轮距堤头边缘不小于 2.5m。

第二区段（口门宽 80.0～50.0m）。本区段是龙口进占的困难段，水深大，流速大，抛投采用凸出上游挑角的方式，即在堤头上游侧与戗堤轴线成 30°～45°角的方向，用特大石、大石、中石抛出一个长 5.0～8.0m、宽 8.0～10.0m 的防冲矶头，使戗堤下游侧形成回流，然后石渣尾随进占。此段主要采用自卸汽车堤头集料、推土机赶料的方式抛填。

第三区段（口门宽 50.0～0m）。本区段内虽然流速最大，但水下的三角堰已逐渐变窄，水深也有所变浅，戗堤稳定性比较好。为减少冲刷流失，采用凸出上挑角法施工，先用特大石和大石在堤头上游侧与戗堤轴线成 30°～45°角的方向抛出一个长 3.0～5.0m、宽 8.0～10.0m 的防冲矶头，然后石渣料和中石在下游侧尾随跟进。堤头抛填视稳定情况，一部分采用汽车直接抛填，另一部分采用堤头集料、推土机赶料方式抛填。在施工中，特大石、大石和中石以堤头集料为主，石渣料则以汽车直接抛投为主。如果堤头指挥人员发现堤头边坡陡于 1∶1.1 时，可采用卸料冲砸法，即用 77t 自卸汽车抛料冲砸堤顶边坡，使堤头趋于稳定。

（3）堤头进占的抛填强度。

A. 抛填强度。上游截流戗堤龙口段长 130.0m，总填筑量约 20.84 万 m^3，左岸先单向进占 80.0m 形成 50.0m 龙口后，两岸再进行对称进占。设计拟定的戗堤龙口段单堤头抛填强度见表 3－11。

表 3－11　　三峡工程大江截流设计拟定的戗堤龙口段单堤头抛填强度

口门宽/m		130.0～80.0	80.0～50.0	50.0～0.0	备　注
日抛投强度/万 m^3	特大石	0.2	0.5	0.3	
	大石	0.5	0.52	0.73	
	中石	0.75	0.78	0.6	
	石渣	2.74	0.80	2.0	
	小计	4.19	2.60	3.63	
小时抛投强度/(m^3/h)	特大石	100	250	150	特大石：用大车
	大石	250	260	365	大石：用大车
	中石	375	390	300	中石：用小车
	石渣	1370	400	1000	石渣：用小车
	小计	2095	1300	1815	混凝土四面体：用大车
堤头卸车密度/(车/min)	特大石	0.2	0.50	0.3	
	大石	0.13	0.14	0.2	
	中石	0.20	0.21	0.16	
	石渣	1.34	0.39	0.98	
	小计	1.87	1.24	1.64	

B. 强度分析。

a. 第一区段：按堤头集料、推土机赶料占 1/3，汽车直接抛填占 2/3 来考虑。堤头集料时，汽车卸料和推土机赶料的循环时间以 4min 计，每次循环可卸料 5 车，即 1.25 车/min；

汽车直接卸料时，循环时间为 1.56min，即 2.56 车/min。实际能达到的卸车密度为：$D1=2.09$ 车/min，而满足抛填强度所需汽车卸料密度应为 $D2=1.87$ 车/min。$D1>D2$，满足强度要求。

b. 第二区段：全部采用堤头集料、推土机赶料的方式，$D1=1.25$ 车/min，$D2=1.24$ 车/min。$D1>D2$，基本满足强度要求。

c. 第三区段：按堤头集料和汽车直接卸料各一半来考虑，$D1=1.91$ 车/min，$D2=1.64$ 车/min。$D1>D2$，满足强度要求。

由上述分析可知，除了第二区段的抛填比较紧张外，第一、第三区段的抛填能力均略有富余。

3.4.3 防堤头塌滑与安全进占措施

（1）戗堤稳定状况的判断。为了确保安全施工，避免发生大规模的塌滑，造成人、车落水事故，特别是在塌滑多发段，正确地判断抛投材料的稳定性十分重要，结合三峡工程二期大江截流和葛洲坝工程大江截流经验，从以下几个方面进行判断：

1）堤头纵向边坡的坡比变化：堤头纵向坡度在正常无流失的情况下约为 1∶1.3 左右，当纵向坡比逐渐变陡达到 1∶1 或更陡时，将会发生坍塌。

2）流态变化：采用上挑角进占，若抛投料能在水中站稳，这时必然形成急流并挑出去，在挑角下游形成回流区，而且有小跌水现象，当抛投材料粒径较大而水深较浅时，跌水现象更加明显，若抛投材料抛投下去后，见到跌水顺水流由上而下移动，则说明抛投的块体正被急流冲走。

3）进占速度：如抛下一定数量的抛投材料不见堤头向前延伸，则说明抛投的块体正被急流冲走。

4）堤头附近的情况：当堤头附近范围内出现裂缝，缝宽逐渐增大时，表明堤头有失稳现象；如果堤头部位高程在逐渐下降，说明堤头发生“沉陷”，出现这些现象应引起高度重视，及时改变抛投方式。

（2）安全进占的技术措施。

1）在条件允许的情况下，尽量采取全断面整体推进，在采取上挑角进占时，一方面要尽量减少挑出的长度，另一方面要注意跟紧补抛。

2）采用自卸汽车直接抛填时，控制 85t、77t 自卸汽车距堤头不少于 3.5m，45t、32t 自卸汽车距堤头 2.5m 卸料；采用堤头集料，推土机赶料回填时，自卸车距堤头前沿边线 6m 卸料。戗堤侧边 2.5m 为安全警戒距离，此范围内不允许停放任何机械设备，堤头指挥人员也不允许在此范围内滞留。

3）在堤头、堤侧以及各危险部位分别设置安全警示牌，堤头指挥人员穿救生衣，现场准备救生圈，专职安全员加强巡视工作。

4）为了确保堤头安全，减少堤头流失量，降低进占难度，同时增加堤头宽度，增加卸车密度，非龙口段和龙口段施工时可以根据水流情况，降低进占高程至水面以上 1m 左右，待龙口段合龙后再加高至设计高程。

5）为确保进占安全，同时加大龙口段抛投强度，视条件许可，将上下游戗堤龙口段下游面适当加宽。

3.5 降低截流难度措施

3.5.1 截流难度的评价指标

一般情况下，把截流最终落差、龙口最大平均流速、龙口水流最大单宽功率等作为衡量截流困难度的指标。目前，国内外多数工程都使单戗堤最终落差控制在3～3.5m范围以内，这是因为超过3～3.5m后，不论在抛投材料尺寸或水力要素方面都有突出的变化，以至于成数倍地加大截流难度。

截流条件通常按最大来水流量和最终落差来估计，但在截流过程中还要出现最大流速和最大单宽能量，因此后两项指标不容忽视。为了改善截流条件，提高泄水建筑物的导流能力是重要的方面。导流能力越大，在其他条件相同的情况下，能保证截流具有较容易的条件。

截流困难区段，即最大流速和最大单宽能量出现的时间，平、立堵截流方式有不同的规律。

对于平堵截流，最大平均流速和最大单宽能量出现在由淹没流转入非淹没流的过渡区，约位于最大落差的一半处，即为平堵截流的最困难区段。

对于立堵截流，为便于分析其水力特性变化，戗堤进占划分为两个阶段：第一阶段，戗堤进占直至坡脚接触龙口对岸形成三角形断面为止；第二阶段，戗堤坡脚已接触龙口对岸形成三角形断面后直至最后合龙。当第二阶段开始前，若水流已转入非淹没堰流，则最大断面平均流速与最大单宽能量将产生在第二阶段开始，即龙口刚形成三角形的部位；第二阶段开始时，若水流仍呈淹没堰流而$Z/Z_{max}=0.7$也出现在淹没堰流区段，则最大单宽能量将出现在与该落差比相应的部位，但流速并不出现最大值；第二阶段中，若水流已转入非淹没堰流而$Z/Z_{max}=0.7$并不出现在淹没堰流区段，则最大断面平均流速与最大单宽能量均将出现在非淹没堰流的起始点。

另外，对于某些截流工程，由于截流施工水深大，要求的施工强度高，给顺利截流带来一系列技术难题，因此，也把截流施工水深及抛投施工强度作为衡量截流困难度的指标之一。如三峡工程大江截流工程，由于三峡工程坝址位于葛洲坝水库内的上游末端，截流施工最大水深达60m。1993年，长江科学院在三峡工程大江截流模型试验中，发现戗堤进占过程中，堤头发生大规模的坍塌现象。经多次试验表明，上、下游戗堤在进占的不同阶段，堤头均发生坍塌。其一般规律为：当戗堤抛投材料抛入江水中后，先在堤顶至水面以下5.0～7.0m的堤坡处堆积，使该段坡度逐渐变陡。当坡度达到1∶1～1∶1.11或更陡时，发生首次坍塌，坍塌物在水深10.0～15.0m坡面处堆积；当上部继续进占时，在水深大约为15.0m以上再一次形成陡坡，同样当坡度达到1∶1～1∶1.1或更陡时，发生第二次坍塌，范围比第一次大，堆积在大约水深20.0～30.0m处。如水深更大，还将有第三次坍塌，直至坍塌到坡脚，且坍塌范围一次比一次大，水越深，戗堤越高，坍塌的范围越大，对截流戗堤进占施工安全影响也越大。

3.5.2 降低难度的措施

由前述得知，改善截流条件，降低截流难度，主要应从降低表征截流难度的各项指标（如最终落差、单宽能量、流速、截流水深等）及提高截流施工抛投强度等方面采取措施。结合工程的实际条件，一般可考虑采取以下措施。

（1）改善分流条件。分流建筑物的泄流能力是影响截流难度的重要因素。通常，在截流流量相同的情况下，河道截流的难易程度，主要取决于分流条件。泄水建筑物分流条件好，可以减小龙口的单宽流量，从而降低截流落差、龙口流速等。

葛洲坝水电站工程在设计中明确提出在二江创造分流的良好条件，以确保截流最终落差不超过 3m。分流建筑物除 27 孔泄水闸以外，还应做好上、下游导流渠的开挖。为此，决定进一步扩挖上导流渠，由原来的底宽 200m 扩挖至 300m。并力求彻底拆除一期围堰，以确保分流能力。三峡工程导流明渠截流时江水从大坝泄洪坝段导流底孔分流，影响大坝导流底孔分流能力主要是二期上、下游围堰拆除高程及宽度。为此，要求导流明渠截流前，二期上、下游围堰水下拆除至设计断面，以满足分流条件的要求。

三峡工程大江截流流量大、施工水深大，但截流落差并不高，是因为为满足长江航运要求而修建的巨型导流明渠有良好的分流条件。由于导流明渠设计以泄洪和通航水流条件为前提，根据设计计算成果，并通过 1∶80 水工模型试验验证，在截流设计流量 14000～19400m^3/s 条件下，最终截流落差为 0.8～1.24m，说明导流明渠分流能力很大，充分起到降低大江截流难度的作用。

（2）降低截流戗堤局部落差。为了改善截流条件，直接降低落差以减小龙口流速与单宽能量也是有效的措施。最终落差超过 3.5m 的截流工程，适宜采用双戗堤或多戗堤立堵截流，可分担落差，降低截流难度。当采用双戗堤进占时，每个戗堤承担的落差仅相当于单戗堤截流的 60%，由于水深有所壅高，对于浅水河床可以避免在最后阶段之前出现临界的困难条件。当最终落差小于 3.5m 时，适宜采用单戗堤立堵截流，施工组织比较简单，辅助设备少，较经济。当戗堤很长或道路增加很多时，为了改善截流条件，亦可在困难的最后阶段将戗堤分成几条，以形成多戗堤截流的条件。戗堤间距应做到使戗堤之间的流速有一个大的降低。各国截流实例中，戗堤间距多数在 100m 以内，有些高落差大流量的截流工程，则上述数字（间距）显得太短。对于由相对河岸进占的双戗堤来说，上述数字还可缩短一些。

从水力条件出发，双戗堤之间需具备一定条件，即河床在上下双戗堤之间应为缓坡，下戗堤应位于上戗堤的回流区范围内，下戗堤突出的长度应超出上戗堤的回流区边线以外，否则将徒劳无益或收效甚微。

（3）龙口护底。龙口护底作为降低截流难度的措施，一般在以下情况下采用：

1）平抛护底，防止河床冲刷。当河床有深厚的易冲刷的覆盖层时，为避免冲刷，常在龙口部位平抛护底，护底常用大块石。当覆盖层为细砂时，也可用柔性材料（如柴排等）或先抛砂卵石料过渡，其上再压以大块石。护底范围目前尚无实用公式计算，一般由模型试验确定。可参照以下经验：护底长度在龙口下游约为最大水深的 3～4 倍，在龙口上游长度约为相应水深的 2 倍，即上下游护底总长度约为最大水深的 5～6 倍。

2）加糙河床。当覆盖层厚度小，甚至无覆盖层，而河床基岩岩面光滑时，也可在龙口部位预抛大块石、混凝土块体等抗冲能力强的材料。其目的是加糙河床，以改善合龙抛投材料的稳定边界条件。此外，为阻拦抛投材料以防流失的作用，也可抛成拦石坎的形式。

3）抬高河床，降低截流水深。当龙口处河底有深坑，或水深很大时，可预先平抛部分材料，以减少后期合龙时的工程量，同时也可防止深水中进占戗堤头部坍塌，有利于截流施工安全，加快截流施工进度。

龙口护底的稳定特性与平堵进占的底层料的稳定特性相近，但具有其特点。护底工作必须在合龙以前完成，其块体尺寸不仅要满足抛投施工期间的稳定，还要保证在截流期间不被冲刷。护底抛投施工流量与截流设计流量是不同的。护底表层材料粒径应按上述两种水力条件选择。如果在汛前抛投护底，应满足汛期的水力条件要求。

护底的堆积轮廓要满足保护河床免受冲刷、增大糙率或降低水深的要求，根据冲距大小，决定抛投入水点，通常按平底抗滑或抗倾校核其稳定。

块石粒径和重量的计算按式（2－1）和式（2－2）进行，计算工况和抛投材料稳定系数 K 按表 3－12 选用。

表 3－12　　几种计算情况的 v 和 K

<table>
<tr><td>计算情况</td><td colspan="2">初期护底稳定校核</td><td>度汛护底稳定校核</td><td>护底表层稳定校核</td></tr>
<tr><td>计算流量 Q</td><td colspan="2">施工时段 P＝5%～10%月（旬）平均流量</td><td>汛期 P＝5%最大流量</td><td>截流设计流量</td></tr>
<tr><td>计算流速 v</td><td colspan="2">龙口处平均流速或最大垂线平均流速</td><td>龙口处平均流速</td><td>龙口或分区最大流速</td></tr>
<tr><td rowspan="2">稳定系数 K</td><td>护底上层</td><td>河床光滑 K＝0.86
河床粗糙 K＝1.20</td><td rowspan="2">同种材料基础上
K＝1.20</td><td rowspan="2">同种材料基础上
K＝1.20</td></tr>
<tr><td>护底下层</td><td>同种材料 K＝1.20</td></tr>
</table>

在流水中抛石，石块在河底的稳定点和入水点的距离，称为抛石冲距。冲距与水流参数和河床粗糙度有关，由于因素复杂，河床表面地形千差万别，建议按下列经验公式估算：

$$L=0.92\frac{vH}{W^{1/6}} \tag{3-7}$$

$$L=0.74\frac{v_0H}{W^{1/6}} \tag{3-8}$$

$$L=2.5\frac{vH}{d^{1/2}} \tag{3-9}$$

式中　L——抛石冲距，m；

H——水深，m；

v——垂线平均流速，m/s；

v_0——水流表面流速，m/s；

W——块石重量，kg；

d——块石折算直径，cm。

葛洲坝工程大江截流根据国内外截流经验，预先对龙口进行了护底，保护河床覆盖层免受冲刷，减少合龙工程量，同时还可增加糙率，改善抛投材料的稳定条件，减少龙口水深，从而使单宽能量也有所降低。根据试验，经护底后，25t 混凝土四面体有 97%稳定在戗堤轴线上游。如不护底，则仅有 62%能保持稳定。此外，通过护底还可以增强戗堤端部下游坡角的稳定，防止塌坡等事故的发生。

对护底的结构型式，曾比较了块石护底、块石与混凝土块组合护底以及混凝土块拦石坎护底三个方案。块石护底主要用粒径 0.4～1.0m 的块石。模型试验表明，块石护底方案在护底下面的覆盖层有淘刷，护底结构本身也不稳定；块石与混凝土组合护底是由 0.4～0.7m 的块石和 15t 混凝土四面体组成，这种组合结构是稳定的，但水下抛投工作量大；混凝土块拦石坎护底是在龙口困难区段一定范围内预抛大型块体形成底坎，从而起到拦阻截流抛投物料流失的作用。拦石坎护底，工程量较小而效果显著，对航运影响较小且施工简单。经过方案比较，先用钢架石笼与混凝土预制块的拦石坎护底结构型式，在龙口 120m 困难区段范围内，以 17t 混凝土五面体（底面 2.6m×2.6m、高度 2.6m）在龙口上游侧形成拦石坎，然后用石笼（2.6m×2.6m×3.0m）抛投下游侧形成压脚坎，用以保护拦石坎（见图 3-3）。

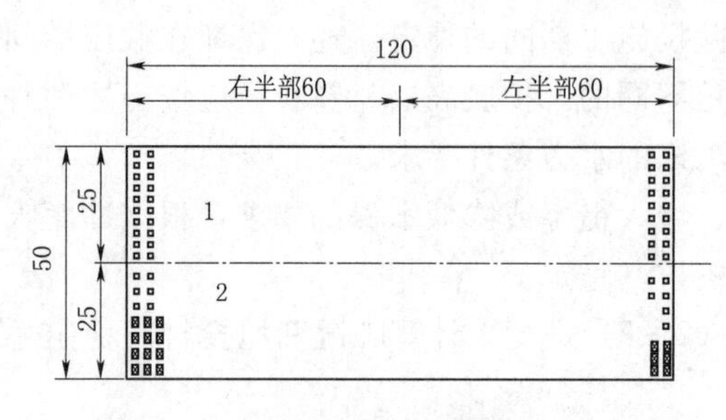

图 3-3　葛洲坝工程大江截流拦石坎护底结构（单位：m）

1—17t 混凝土五面体 12 排，每排 30 行；2—2.6m×2.6m×3.0m 钢架石笼 4 排，每排 30 行

三峡工程导流明渠截流采用双戗堤立堵截流方式，上游龙口部位为混凝土护底结构，下游龙口部位为开挖平整的弱风化基岩面，表面均较为光滑。截流模型试验表明，在上、下游龙口部位设置加糙拦石坎对提高抛投块体稳定性效果明显，可以大大减少合龙抛投材料的流失量。因此，在上、下游戗堤龙口段下游侧均设置了加糙拦石坎。上游戗堤加糙拦石坎顺水流向宽度 15m，沿戗堤轴线长 132.5m，拦石坎顶部高程 52.50m（坎高 2.5m），采用外形尺寸为 2.5m×2.5m×2.5m（长×宽×高）的钢架石笼（单个重 23.5t）成形。下游戗堤加糙拦石坎顺水流向宽度 15m，沿戗堤轴线长 90m，拦石坎顶部高程 48.00m（坎高 3m），均处在围堰设计断面范围内。为保证加糙拦石坎抗冲稳定性，并便于下游围堰后期拆除，下游截流戗堤采用底部抛投合金钢网石兜（单个重 10t）成形。加糙拦石坎均处在围堰设计断面范围内。

三峡工程大江截流工程最大施工水深达 60m，不采取平抛垫底加高河床的措施，模型试验显示有较严重的堤头坍塌现象发生。为此，在截流戗堤通过的河床深槽部位预先平抛砂卵石块石垫底结构加高河床，降低了截流施工水深，有效地减轻了堤头坍塌现象（坍塌的规模与次数）。

显然，平堵截流过程中，本身同时起到护底作用，故对单独护底要求不高；立堵截流，随着龙口的缩窄，对河床的冲刷力增强。对于岩基河床，为了提高抛投料的抗冲能力，有时在光滑的岩基河床上预先抛投护底，以加糙河床。对于软基河床，为了防止河床的刷深，通常都采用护底措施。

综上所述，龙口护底是一种保护覆盖层免受冲刷、降低截流难度、提高抛投料稳定性以及防止戗堤头部坍塌的行之有效的措施。

（4）设置拦石栅。该措施在三门峡水电站工程截流中首先采用，其后在盐锅峡水电站工程、大化水电站工程、岩滩水电站工程和桐子林水电站三期工程中也成功地使用。

三门峡水电站工程神门泄流道采用拦石栅配合立堵进占截流。拦石栅主要由拦石柱组成，拦石柱采用钢筋混凝土结构，直径为250mm，柱长9.5m，锚入岩石深2m，在宽约30m的神门泄流道内布置管柱14根，为了支撑戗堤和混凝土四面体的压力，顺水流方向设三角形支撑架将拦石柱连成整体（见图3-4），其布置见图3-5。

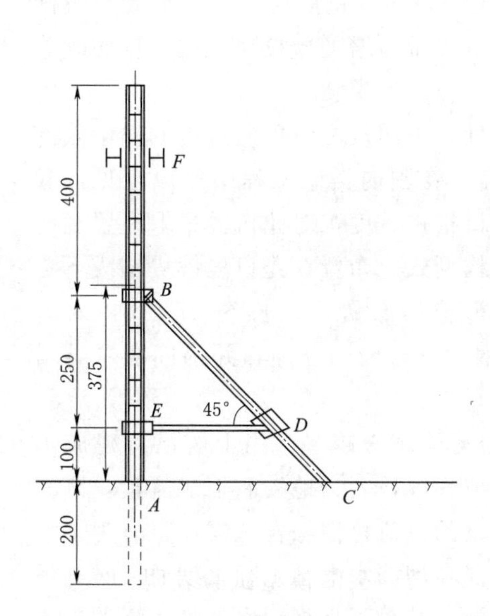

图3-4 三门峡水电站工程拦石柱支撑结构简图（单位：cm）

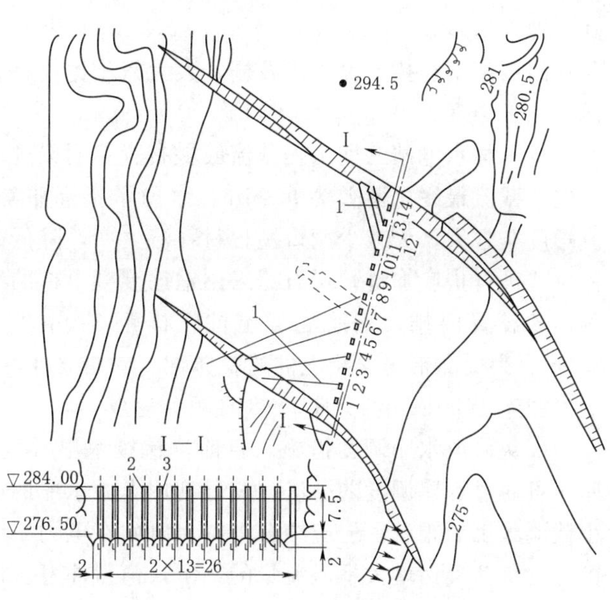

图3-5 三门峡水电站工程神门泄流道拦石栅布置（单位：m）

1—ϕ25mm钢索；2—拦石柱；3—横梁

盐锅峡水电站工程通过不同截流方案比较，决定采用拦石栅措施以确保安全截流。拦石栅置于戗堤轴线下游9.5m处，柱间距2.4m，采用250mm的无缝钢管内浇钢筋混凝土制成。通过截流实践，证明拦石栅起到拦阻人工抛投材料和石串的作用。

1980年，大化水电站工程采用15根273mm钢管，内插9根36mm钢筋，浇混凝土形成管柱。柱的间距为2m，嵌入基岩3m，柱间用型钢联系，下游设钢斜撑，形成拦石栅（见图3-6）。在截流流量1300m^3/s和最终落差2.39m以及最大流速4.19m/s的情况下，由于在龙口段设置了30m的拦石栅，截流得以顺利进行。

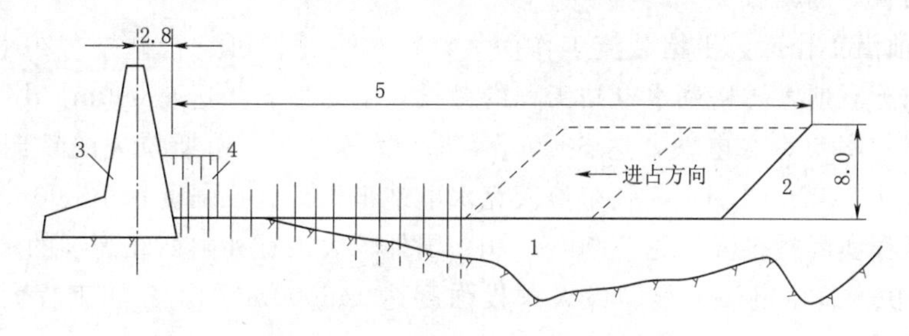

图3-6 大化水电站工程龙口拦石栅布置（单位：m）

1—预抛护底；2—预进占；3—混凝土导墙；

4—混凝土刺墙；5—设计龙口宽60m

岩滩水电站工程截流采用单戗堤单向立堵右岸端进截流方案，截流时间为1987年11月1日，相应截流流量为1160m^3/s，上、下游落差为2.6m，最大流速为3.5m/s。拦石栅设置于截流龙口左岸岸坡，可拦截大块体料抛投体，减少抛投料的流失量。拦石栅由前、后两排钢管柱组成，前排10根，后排6根，排距3～5m，柱距2.0m，高4～12m，其中埋入基岩3～5m，每根钢管（ϕ273mm）内插9根ϕ36mm钢筋后，灌注混凝土，排和柱间用型钢连接。设置拦石栅，大大减小抛投材料流失量，增加抛投稳定性，从而改善截流施工难度。

桐子林水电站三期工程截流戗堤布置在明渠进口处，采用从右岸单向进占的立堵截流方式。截流最终总落差为9.26m，水力学指标非常高，在国内类似工程中也属罕见，截流难度非常大。为减少龙口抛投材料流失率，降低龙口推进难度，对龙口段采取设置拦石栅方式进行护底加糙。拦石栅采用钢筋混凝土桩的结构型式，布置在龙口段戗堤轴线下游侧，共设置两排，钢筋混凝土桩间排距3.0m，呈梅花形布置，桩长约27.0m，入岩3.0m。为提高钢筋混凝土桩的整体性，对桩顶采用钢索进行两两互连，并锚固在左导墙上。截流于2014年11月1—8日顺利完成。

（5）采取水库调度措施。目前，梯级水电开发的河流越来越多。当上游已有建成水库，可通过水库调度的办法，充分利用上游水库的调节库容，人为地控制下泄流量，以减小截流施工的难度，但应结合上游水电站在电力系统中的负荷特性综合考虑，也有为了承担电力负荷反而增大下泄流量的例子，值得注意。清江高坝洲水电站工程二期截流时，坝址上游梯级隔河岩水电站采取较短时段关机的调度措施，减小了高坝洲水电站工程截流流量，顺利完成了截流。溪洛渡水电站截流时，二滩水电站采取调度措施，也减小了截流流量，促进了截流的顺利实施。

（6）提高抛投强度。截流过程中应力求提高抛投强度。抛投前沿工作面直接影响抛投强度。对于平堵而言，提高抛投强度，有助于形成紧凑断面，从而可用较小数量的抛投材料完成截流任务。对于立堵而言，一般来说影响不及平堵明显，但加大抛投强度，戗堤堤头被龙口高速水流冲刷的时间减少，从向家坝水电站二期截流过程看，高强度抛投，可有效对冲龙口水流的单宽能量，对特大石、钢筋石笼的需用量可明显减少，有利于截流的顺利实施。

抛投强度的大小受抛投前沿工作面大小的制约，同时与备料数量和料场布置以及运输设备和线路布置等因素有关。

1）抛投前沿工作面。平堵截流工作面大，沿整个龙口可进行抛投。20世纪50年代后期以来，以苏联斯大林格勒水电站工程的抛投强度为最大，达63000m^3/d。其他较高强度的有苏联伊尔库茨克水电站，达30000m^3/d；罗马尼亚、南斯拉夫的铁门水利枢纽工程，抛投强度达12000m^3/d；苏联布拉茨克水电站工程，抛投强度达10000m^3/d。

葛洲坝工程实际抛投强度达70000m^3/d。国外较大工程如阿斯旺高坝的最大抛投强度26120m^3/d；伊泰普水电站工程的最大抛投强度达146000m^3/d。三峡工程大江截流实际抛投强度创造了194000m^3/d的新纪录。

由上述统计看出，不论平堵或立堵，近年来抛投强度都有较大的增长，同时还可以看出平堵的单宽抛投强度远低于立堵，这说明控制抛投强度的因素受工作面影响，但绝不是唯一的因素。

2）抛投材料备料。充分备料是保证戗堤施工抛投强度的必要条件，备料储量上应有适当的安全储备，以免供料不及时而产生停工待料等现象。

3）线路布置与设备配置。运输线路布置与机械设备是提高抛投强度的主要环节。截流前应完成运输线路布置并配备一定数量的起重运输设备。大型水利水电工程截流多配备以重型机械，线路宽度（包括戗堤进占过程中的宽度）应力争做到运输畅通无阻。为了顺利卸料，还应周密考虑布置经济的回车场，并加强组织指挥。由前述得知，平堵尽管工作面大，但单宽施工强度并不大，由此看出，其施工强度可能并不控制在现场抛投上，而在很大程度上取决于线路布置和可能配备的运输机械。

（7）锚系和串体。

1）锚系措施。在不利的水力条件下，为了防止大块石或巨型混凝土块体的流失，有些工程成功地采用了锚系工程措施，将大块体以钢缆与上游块体锚系或相互串连，如我国葛洲坝工程。

2）串体的应用。当龙口水力条件十分不利，单个巨型块体难以顺利进占时，实践中常将若干大块石或预制块体串连起来进行抛投。通常大块体的串连工作都是在合龙过程中根据需要而进行的。为了使串体易于稳定，应掌握抛投技巧，应使串体中的一个块体在上游处的低流速区入水。抛投时，也可将不等重块石串中最大的一个石块置于戗堤上游侧，其余的几个石块用推土机推入水中，而不入水的最大石块的作用，类似于锚系措施中的锚桩。这种措施有助于改善抛投材料的稳定性，但是，抛投块体在现场临时串连工作将会降低抛投强度。因此，只有当使用单个块体确实无效时才采用。

3.6　截流施工组织管理

截流施工的显著特点是保持连续不间断一鼓作气地完成戗堤合龙。施工过程中，以取料、运输、抛投进占直至龙口合龙为主流程，包括料源平衡、设备调度运行、数据测量、信息反馈、计算决策等，构成了截流施工的系统工程。为使截流施工有序进行，在施工前应进行施工组织管理研究，制订科学的管理体系。

3.6.1　管理机构及职能

截流实施前，为了确保截流目标圆满实现，结合现场施工，需组建高效、精干、反应快捷的截流组织指挥系统，并成立专家顾问组、施工技术组、质量安全组、生产调度组、安全保卫组、设备管理组、物资供应组、信息传媒组和综合协调组等部门，全面负责截流的施工组织、实施与管理工作。

截流组织指挥系统一般自上而下分 4 个层次设置，第一层为决策系统，是截流施工指挥部；第二层为指挥系统，由现场指挥所组成；第三层为保障系统和服务系统，分别由若干专业组和 1 个综合协调组组成；第四层为施工作业系统。每一层的各职能单位都应有明确的职责，人员有明确岗位。设置有线和无线通信进行联络，使决策意图很快落实到现场施工中，得到认真贯彻。

3.6.2 截流度汛预案

（1）龙口合龙困难段应急预案。截流龙口段施工是截流的关键。此时，戗堤坡脚已接触或接近龙口对岸。龙口轴线最大平均流速和最大有效单宽能量将出现在三角形断面开始形成的时刻，大部分截流工程都将在此时刻达到最大值。在不采取任何措施时，一般石料不易在龙口站稳。为了避免其大量流失，除采取拦挡措施（如拦石栅、拦石坎等）外，可在上游侧抛投人工料例如四面体、大块石串及钢筋石笼等，使之在合龙河床上形成多级落差，以改善截流条件，降低龙口流速。为了确保截流一次性成功，针对龙口合龙困难段，需结合不同的工程条件，制订应急预案。

（2）提前截流度汛预案。河道截流是围堰施工的第一道工序，为围堰施工创造了条件，但在截流后要抢在汛前将围堰修筑至设计要求的形象断面，以确保围堰度汛安全。通常，大流量河道围堰工程量较大，为满足围堰施工工期要求，宜将河道截流时段选择在枯水期前段，有条件时还需根据水情情况适当提前截流并制订度汛预案。如三峡工程导流明渠截流合龙时段原设计选在2002年11月下半月，截流流量为10300m^3/s，实际截流合龙提前至11月6日。由于长江11月上旬多年旬平均流量为14800m^3/s，相应5年一遇分旬最大日平均流量达17500m^3/s；而11月中旬长江多年旬平均流量也达12200m^3/s，相应5年一遇分旬最大日平均流量达14500m^3/s。根据招标文件技术要求和长江水利委员会《导流明渠提前截流专题研究报告》，泄洪坝段导流底孔单独分流时，上述流量下相应的上游围堰水位均已超过截流戗堤堤顶72.00m高程。提前截流以后，上游围堰存在很大的风险，应认真对待，采取切实可靠的防汛措施，保证截流后上游围堰工程安全。根据长江11月中、下旬可能发生的流量，度汛挡水子堰按流量14500m^3/s控制，高程76.50m。同时，如果截流后上游围堰72.00m平台未形成时，当流量大于12000m^3/s时，采用对上游围堰龙口合龙段进行堰面防护后允许过水的方案；否则，在截流戗堤顶面上加高填筑临时子堰。

3.6.3 截流备料与土石方调配

（1）料源复查和备料。截流围堰填料一般由当地材料如风化砂、反滤料、石渣、石渣混合料和块石填筑等组成，供截流和围堰填筑施工的填料按施工总布置分布在不同的料场。为保证截流施工顺利进行，需要对料源的备料情况进行复查，然后对料源的调用做好规划。规划既要满足截流进占强度和所需抛投料种类和规格，并留有余地，又要满足土石围堰填筑的施工进度要求，同时要达到运输距离最短、耗用时间最少的目的。

（2）料源平衡。

1）平衡原则。为缩短运距，保证施工强度，一般按“上游备料运至上游围堰、下游备料运至下游围堰”的原则进行平衡。尽量利用现有备料，减少新开采备料量。

2）料源平衡及土石方调配。供料系数选取：戗堤部位非龙口段一般考虑10%左右流失量，龙口段考虑20%左右流失量，戗堤以外围堰填筑供料系数取1.1～1.4。

料源的时空平衡：为便于调度和生产安排，合理安排各料场的开挖和运输设备，需对料源进行时间和空间上的平衡。先将截流进占计划细化到天，并将每一天需要的各种填料的数量按料场分布和抛投强度落实到具体的料场，再根据每一天各料场的供料强度安排开挖和运输设备。

3.6.4 截流设备组织与管理

截流施工所需机械设备种类多、数量大、要求高，为使设备能够满足工程截流施工需要，保证截流有序进行，对机械设备进行科学的组织、合理的安排十分必要。

(1) 施工设备组织。根据截流施工特点，主要施工设备配备遵循以下原则：

1) 优先选用大斗容（$4m^3$ 以上）挖掘机和装载机、大吨位（32t 以上）运输车辆、大功率（300kW 以上）推土机，以满足连续高强度施工。

2) 在满足连续高强度施工的前提下，考虑施工实际和工程经济效益，适当配备中、小型设备，选用 $1.2\sim2.0m^3$ 的反铲装载特大石、大石及风化砂，选用 20t 的自卸汽车运输反滤料，选用 160～200kW 的推土机在料场配合挖掘机进行开挖。

三峡工程导流明渠截流施工设备采用"业主设备＋承包商设备＋租赁设备"的组织模式，针对大型自卸车辆租赁特点，采取立足于三峡、依次由近到远租赁的对策。经过努力，组织到位挖掘机 59 台（套）、装载机 12 台（套）、推土机 25 台（套）、自卸汽车 210 辆，共计 306 台（套），满足截流施工需要。

(2) 施工设备管理。

1) 设备维修。截流施工所需机械设备种类多、数量大，设备维修工作的好坏直接影响到施工设备是否够用、能用，截流施工是否能顺利进行，截流施工前应对参与截流施工设备进行全面检查维修。

2) 故障设备拖运。截流抛投强度高，堤头卸车密度大，要求运料道路畅通，堤头不堵车。要做到这一点，自卸车辆技术状况要好，在高强度的施工中不能坏在路上和堤头。最有效的措施就是对这类故障设备及时拖运，抢修到位。

一般要求故障设备在 10～15min 内从道路或堤头上拖运走，为此需成立故障设备拖运抢修专班，针对各种不同型号的设备，制订不同的拖运抢修具体方案，备制各种拖运工机具。

对于 CAT 32t 级以上和 TEREX 45t 级以上的自卸车，制动器是常闭的，发动机一旦因故障熄火，制动器自行制动，车辆就无法拖动。为保证这种故障车辆能够及时拖运，采用了外接压缩空气的办法，即用气的压力替代油的压力打开制动器，解决了制动器常闭的问题。在下坡时，在气路上安装一个三通闸阀装置，下坡拖运时由专人操纵闸阀，使制动器工作。

对于 TEREX 3311E 型自卸车存在压缩气无处可接的特殊情形，采取了将压缩气直接作用在制动器上，即设计一个带两个闸阀的三通，直接安装在制动器压力油进口处，需要拖动时，关闭油路闸阀、打开气路闸阀，制动器就能被推开，继而能够进行人为控制了。

3) 配件准备。配件是设备维修的"粮草"，只有保证了配件的及时供应，才能保证设备修理工作的速度和质量，进而才能保证设备的高完好率、高出勤率。为了合理地储备配件，机电物资部门需要仔细分析每台设备的现状，针对每一台设备的特点和要求编制配件计划。

4) 设备安全管理。在截流之前，要组织对所有截流设备进行检查，对检查合格的设备统一编号，并进行检修保养。同时对截流设备操作人员进行考核，考核合格的人员方可上岗操作。另外，在施工现场配备截流抢修车，一旦发现设备故障，立即组织抢修，及时恢复生产。如设备在堤头出现故障，首先将设备拖到空余地带，然后再进行抢修。针对不同的车型，加强控制距堤头的卸料距离，85t、77t 自卸汽车距堤头不少于 3.5m 卸料，45t～20t 自卸汽车距堤头不少于 2.5m 卸料。风化砂填筑严禁采用直接卸料方式抛填。戗堤侧边 2.5m 为安全警戒距离，此范围内不允许停放任何机械设备。

3.6.5 截流测量控制

在截流施工中，施工测量控制占有十分重要的地位，主要内容有控制测量、料场备料测算、水下地形图测绘、填筑进占测量等。

（1）控制测量。结合现场条件，建造基础牢固、通视条件好、控制范围大、交通方便的观测标墩，组成三维测边加密控制网，再按《水利水电工程施工测量规范》（SL 52—2015）技术标准进行观测。

（2）料场备料测算。为了掌握各备料场的储量，对截流所有备料场施测 1∶500 地形图。采用自动记录式全站仪测量地形特征点和碎部点，采用数字化成图软件生成地形图。利用软件的方量计算功能，对每个料场的储料情况进行跟踪，反映备料动态。

（3）水下地形图测绘。

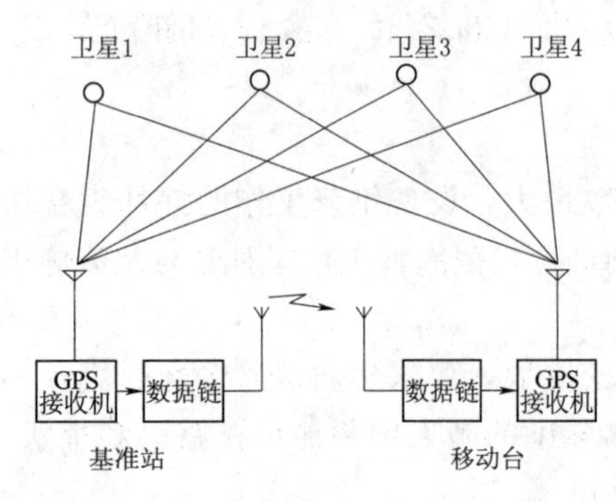

图 3-7 GPS 实时差分定位原理

1）测绘原理。采用 GPS 全球卫星定位系统和数字测深仪采集水下地形的三维坐标，用专用水下成图软件绘制水下地形图。定位采用 GPS 实时差分法，其原理是：将基准站架设在已知坐标的测量控制点上，按照一定的时间间隔，定时地把误差改正量等相关数据通过无线数据链播发出去，移动站利用接收到的基准站的误差改正信息，对 GPS 测量值进行改正，获得高精度的平面定位；同时，移动站的计算机采集 GPS 定位信息和数字测深仪测定的水深，并起导航和记录数据的作用。外业采集的数据经后处理，使用海洋成图软件进行数字化成图。GPS 实时差分定位原理见图 3-7。

2）实时差分测量系统的组成。采用 NGD-60 实时差分测量系统，由以下几部分组成：

A. 基准站。包括 GPS 主机、12V 蓄电池、GPS 天线和 VHF 天线。基准站配置与连接见图 3-8。

B. 移动站。包括 GPS 主机、12V 蓄电池、GPS 天线和 VHF 天线、便携式计算机、数字化测深仪。移动站配置与连接见图 3-9。

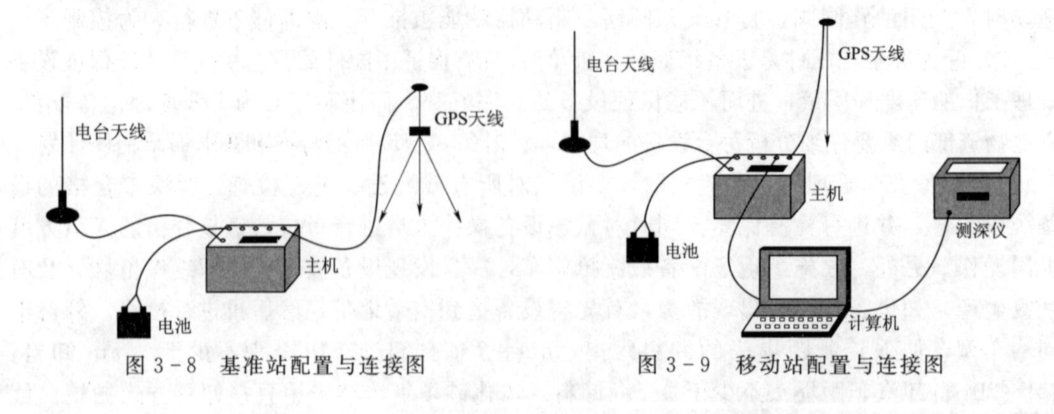

图 3-8 基准站配置与连接图

图 3-9 移动站配置与连接图

C. 软件。包括 NGD－60 野外数据采集导航软件和 Scass 5.0 数据后处理及数字化成图软件。

3）测图过程。

A. 根据测图任务要求确定测图区域和测图比例。

B. 设置基准站。基准站设在相对固定的建筑物如楼顶已知坐标控制点上。

C. 将移动站架设在测量船上。

D. 连接好电缆线，开机，采集数据。

E. 内业后处理及成图。使用 Scass 5.0 海洋测绘成图软件绘制水下地形图。

（4）填筑进占测量。

1）测量内容。围堰和戗堤正式进占填筑时，测量控制的主要工作是跟进测量桩号，进行进尺、填筑方量、水上和水下边坡检测，以便调度指挥中心掌握截流进展和填筑强度。

2）测量方法。将全站仪架设在已知控制点上，测量镜站点的三维坐标，测量坐标经正交变换得到相对于戗堤轴线的桩号和偏距。每间隔 1h 测量一次桩号，桩号之差即为进尺。若数值为正，表明戗堤进尺；为负表明戗堤退尺，此时应及时变换抛投材料和加大抛投强度，确保戗堤进尺。

水上边坡验收测量时，测量方法与测量进尺一样。利用坡比关系计算出理论偏距，并与实测偏距比较，判定边坡是否填筑到位。

戗堤进占水下边坡检测采用 GPS 测量水下地形图，在计算机上剖绘断面并与设计断面比较判定水下边坡是否填筑到位。

按照设计标准断面与高程之间的函数关系推算出桩号断面的理论面积，按照方量表的格式填写，并计算得出断面方量。在每小时上报桩号时报送断面填筑量。

3）夜间测量措施。夜间进行施工测量，存在着车辆多、照明差、临近水边、堤头坍塌等危险因素，测量作业非常危险。可采用红色激光指向仪，将其架设在戗堤和石渣堤轴线在岸边的延长线上，拨轴线方位角使发射的红色激光指向戗堤和石渣堤前进方向，指导夜间施工。这样既降低了测量作业强度，减小了危险性，又方便了施工。

3.6.6 截流质量管理与控制

（1）建立可靠的质量保证体系，加强施工质量管理，把好技术标准关、测量控制关。

（2）配备有经验的施工人员进场施工，确保施工既有高速度又有高质量。

（3）严格执行“三检”（即施工前检查、施工中检查和完工后检查），把好“四关”（即图纸复核关、技术交底关、工程试验关及隐蔽工程检查签证关）。

（4）对现场施工工艺流程、施工方法、施工参数等进行现场生产性试验，编制现场试验报告，报经审批后再用于指导施工。

（5）认真做好截流备料场的复查工作，按照抛投材料的技术规格要求备足各种规格材料，对不符合技术规格要求或级配混淆的料堆进行分检、分选，并做好备料场现场管理，确保料源质量。

（6）严格按照抛投材料的技术规格要求制备钢筋石笼、四面体、块石串等，并合理堆存。防止被压坏或挤压变形；吊运前，对抛投材料进行质检，对不合格的抛投材料进行修补、加固，质检合格的抛投材料方可上车。

（7）运输车辆分组编队，做好标记，现场把关人员指定装车，确保合格料有序上堰。

（8）加强水文预报工作，随时掌握有关水力学指标，结合现场抛投进占情况，及时指导戗堤抛投进占。

（9）配备足够的、大型的、先进的施工设备和专业的、训练有素的施工队伍，确保按期保质完成截流施工任务。

3.6.7 截流安全控制

（1）建立健全可靠的安全管理组织体系，加强对职工的施工安全教育，工人上岗前进行安全操作培训和考核。

（2）严格遵守国家现行的有关安全防护技术规程、文件，制订各项专用安全防护管理措施，如防洪、防火、救护、警报、治安、危险品等防护措施。

（3）严格遵守国家劳动法律、法规的规定，及时配备、发放和更换各种劳保用品。劳保用品必须经安全部门检查合格后方可投入使用。

（4）编制专项安全施工组织设计，逐级对施工人员进行交底，并认真贯彻执行，保证安全生产。

（5）在施工区内设置必需的信号装置，并严禁施工人员随意移动安全标志。

（6）在施工作业过程中，严格按照各项安全操作规范组织施工作业，并配备足够的应急医疗设施和医务人员。

（7）截流期间在施工区域范围设置必要的哨卡及安全保卫人员，严禁无牌设备、无证人员进入施工区域，严禁不同作业点的设备、人员超越自身的作业范围。

（8）严格按照抛投材料的技术规格要求挑选填料进行抛填，并在戗堤上游角用特大石和大石压护坡脚，防止堤头冲刷、掏空堤角致使堤头失稳、坍塌。

（9）采取合理、有效的施工措施，确保堤头稳定，防止堤头坍塌。

1）在进占方式上，非龙口段尽量采用全断面进占，龙口段采用上挑角法进占时，尽量减少挑角凸出的长度。

2）在进占过程中，根据堤头稳定情况，相机选择汽车直接卸料抛填、堤头集料，推土机赶料抛填、大吨位自卸汽车装块石卸料冲砸冲压不稳定边坡等方法进行抛填。

3）在保证戗堤安全高度及施工安全的前提下，可适当降低戗堤前沿高程。

4）在堤头设置专职安全员，认真检查堤头稳定情况，发现情况及时报告处理。

（10）堤头指挥工作人员必须穿救生衣，严格控制堤头推土机及卸料车辆在堤头作业的安全距离，推土机应随时处于发动状态，备好钢绳和其他救生器材，以确保施工设备及施工人员安全。

（11）加强对戗堤上的施工机械及工作人员的统一指挥，为防止堤头坍塌而危及抛投汽车的安全，针对不同的车型，加强控制距堤头的卸料距离，并配备专职安全员巡视堤头边坡变化，观察堤头前沿有无裂缝，发现异常情况及时处理以防患于未然。

（12）优化施工道路布置，加强施工期间道路的管理、养护，确保施工道路通畅，保障行车安全。

（13）配置专业电气工程师负责和维护整个截流施工现场的照明系统，为夜间高强度施工创造有利条件，清除夜间施工带来的各种事故隐患。

3.6.8 截流文明施工和环境保护

（1）文明施工措施。

1）成立以项目经理为第一责任人的文明施工管理体系。

2）由文明施工管理部门负责落实有关制度的执行，定期对工地组织文明施工综合检查，杜绝野蛮施工行为。

3）遵守当地政府的各项规定，尊重当地居民的习俗，加强全体人员的文明教育，建立良好的社会关系。

4）科学组织、合理安排各项目施工，加强施工过程中的协调管理。

5）施工器材、机具、构件、临建等用地严格布置在施工平面布置指定范围内，不乱摆、乱停、乱放，施工现场井然有序。

6）注重施工现场的整体形象，对现场的各生产要素进行及时的整理、清洁和保养，保证现场施工的规范化、秩序化。

7）工区内按要求设置醒目的施工标志牌，职工上岗一律统一着装，举止、言谈文明，杜绝各类寻衅滋事事件发生。

（2）环境保护措施。

1）成立以项目经理为第一责任人的施工现场环境保护管理体系。

2）爱惜施工现场的自然资源。

3）在施工期内保持工地良好的排水状态，道路及主体工程施工区域内修建足够的排水设施。

4）弃渣、废渣运至指定的弃渣场，渣场堆存按要求实施，设置必要的排洪设施及挡渣结构，防止暴雨冲刷污染环境。对有毒的废渣、废液，上报处理方案，经过批准后，处理达标后排放或掩埋。

5）采取各种有效的保护措施，防止在利用或占用的土地上发生土壤冲蚀，防止由于工程施工造成开挖料或其他冲蚀物质在河流或支流中的淤积。

6）保持施工区和生活区的环境卫生，及时清理各种垃圾，并按要求运至指定的地点进行掩埋或焚烧处理。

7）安排专门人员加强对施工道路的维护。

8）保护水质。

A. 施工废水废料、生活污水设专门的处理设施，未经处理的废水不能直接排入河道。

B. 对于施工区域辅助施工企业，设置专用的污水净化处理设施，在施工期间和完工后，妥善处理以减免对河道侵蚀，防止沉渣进入河流。

C. 含有沉积物的操作用水，应采取过滤、沉淀池处理或其他措施，使沉淀物不超过施工前河流的排入沉淀量。

9）控制扬尘、落渣。

A. 施工作业产生的灰尘，采取洒水降尘使灰尘公害减至最小程度。

B. 易于引起粉尘的细料或散料予以遮盖或适当洒水。

C. 主要钻孔机械配置防尘罩，尽可能采用湿法钻孔。

D. 现场运输车辆适度装料或车箱尾部设挡渣板，避免车装渣、料沿路洒落，组建专门的养路队，负责对道路进行清理、打扫。

10）减少噪声、废气污染。

A. 加强对设备尾气的检测，经常性检测柴油机械废气排放情况，对于超标排放废气的车辆及时维修或禁止使用。

B. 机械设备生产操作时，采取有效的降噪、防护措施。对噪声大的车间或设施，采取消音、隔音措施；对工作人员要求佩戴防噪护罩。

C. 按防震爆破设计开挖施工，严格控制爆破震动速度和噪声、粉尘，使各项环保指标达到允许值。

11）建立环境保护及卫生防疫机构，设置足够的临时卫生设施，定期清扫处理；配备相应人员定期检查各项环卫工作。按总体规划要求和监理工程师指令，使生产、生活设施达到整洁有序，谐调美观，形成一个整体的优良环境。

12）主体工程完工后，拆除一切需要拆除的施工临时设施和临时生活设施，彻底清理拆除后的场地，并按要求进行绿化和植被恢复，防止水土流失。

4 截流水力学原型观测

4.1 观测的目的和任务

(1) 观测截流施工过程中，截流戗堤口门和分流建筑物的水流边界条件和主要水力要素及其变化情况，为施工顺利进行提供数据支撑。

(2) 为优化截流设计或截流施工决策所必要的水文水力学计算和模型跟踪试验，提供基本资料。

(3) 检验设计方案的合理性，验证水力学计算和水力学模型试验成果，总结经验，不断改进。

(4) 丰富和发展截流水力学的理论和实践成果。

4.2 观测的内容和要求

水力学原型观测应做到快速、实时观测和信息实时传输，观测的重点是流量、水位、落差、流速、流态以及水流边界条件（水上、水下地形，戗堤形象，固定断面等）。立堵截流有以下观测内容和要求，可根据截流施工的规模和特点以及工程条件拟定具体观测项目。

4.2.1 合龙前观测

(1) 在非龙口段戗堤口门上、下游，因戗堤局部阻力所造成水位变化的范围内，于两岸设置数个水尺（位置尽量与模型试验一致）以观测口门上、下游水位落差和水面线的变化。

(2) 观测口门泄流能力，口门和堤头附近的水深、流态和流速。监测堤头和河床的冲刷情况。

(3) 形成龙口后，观测龙口上、下游河道的冲淤变化及其对龙口水深、水位和航运的影响。

(4) 如采取护底措施，应在护底过程和完工后进行水下地形测量，以控制护底质量。

4.2.2 合龙中及合龙后观测

(1) 水位水深观测。

1) 观测龙口上、下游水位和落差随进占过程的变化。

2) 如为双戗，应观测上、下游龙口附近的水位，观测双戗进占时上、下游龙口宽度及落差分配变化情况。

3）观测龙口水深（重点为戗堤轴线处及下游收缩断面处）和顺流向水面线变化规律。

4）观测龙口上游回水变化的影响范围。

5）观测分流泄水建筑物上、下游水位在进占过程中的变化情况，观测围堰拆除程度或堆渣、淤积等因素的影响。

（2）流量观测。

1）利用坝址水文测流断面或增设测流断面，观测来水和下泄总流量；设置分流建筑物和龙口（宽龙口时）测流断面，分别观测其分流量。由上述观测结果分析确定分流比、龙口流量及戗堤渗流和水库拦蓄的影响；分析分流建筑物的围堰拆除程度及其他因素对分流能力的影响。

2）合龙断流后应进行戗堤渗流流量的观测。

（3）流态、流速观测。

1）观测进占过程中上游主流流向的变化。

2）观测龙口上游前沿及下游水流衔接流态，重点观测挑角抛投前后的流态变化。

3）观测进占过程中龙口流速变化，包括观测：顺水流向沿程流速分布；沿戗堤轴线方向的流速分布；戗堤上挑角方向的流速分布。各向流速分布，原则上要求测垂线流速分布并求取龙口轴线断面平均流速。若龙口变窄，测流困难又限于测流手段，则用浮标法或电波流速仪施测有代表性的表面流速，力求测最大表面流速。

4）双戗截流应随时对上、下游龙口的流速以及双戗之间的流态（急流或缓流）进行观测，控制两戗堤在缓流连接的条件下合理进占。

（4）随时施测戗堤进占过程中龙口宽度、水面宽度、水下边坡等变化情况。

（5）抛投料稳定和流失情况观测。结合堤头抛投料数量，抛投强度及堤头进占等分析抛投料流失情况；合龙后观测流失范围，不同抛投料流失的部位以及河床糙率对抛投料稳定的影响。

（6）随时对戗堤上、下游边坡的稳定进行监测，特别在抛投大型块体时应重点进行监测。

（7）对降低截流难度的技术措施（如龙口护底加糙、拦石坎、块串等）的效果进行观测分析。

4.3　观测新技术

水利水电工程建设推动了水文测验技术的发展，截流水力学要素及水流边界条件等属于水文测验范畴的观测方法和观测技术亦不断得到更新、发展。20 世纪 80—90 年代，通过长江葛洲坝工程和三峡工程大江截流水力学原型观测的实践，开创了大江大河截流水力学原型观测的新局面。2002 年 11 月三峡工程导流明渠截流，基于上述两次截流的经验，对上、下游双戗堤截流的水力学原型观测作了周密部署，进一步引进和应用现代水文测验新设备、新技术，优化组合并开发应用了若干先进观测技术，取得了常规观测技术难以甚至不可能取得的成效。

三峡工程导流明渠是利用三峡坝址中堡岛右侧旱道开挖的人工渠道。明渠右边线全长约 3950m，渠身向右微弯成半月形，中间顺直。其中渠身段长约 1700m，明渠进口引航段为直线接圆弧，长约 1050m。出口段为圆弧接直线，长约 1200m。明渠断面采用复式断面形式，宽 350m。三峡工程导流明渠是三峡一期工程的主要施工项目，于 1993 年 4 月开始施工，1997 年 5 月破堰进水，同年 10 月正式通航运行。大江截流后长江水流改道，导流明渠就承担起三峡工程二期施工期的导流和通航两大任务。

三峡工程导流明渠截流，采用双戗双向立堵截流方式，上游双向进占，下游单向右岸进占，上下游戗堤各承担 2/3 和 1/3 落差，设计截流合龙时段选在 2002 年 11 月下半月（实施为 2002 年 11 月 6 日），截流设计流量为 $10300m^3/s$，相应截流总落差为 4.11m，计算最大平均流速达 5～6m/s。上、下游截流龙口宽分别为 150m 和 125m，上、下游龙口部位均设置垫底加糙拦石坎。

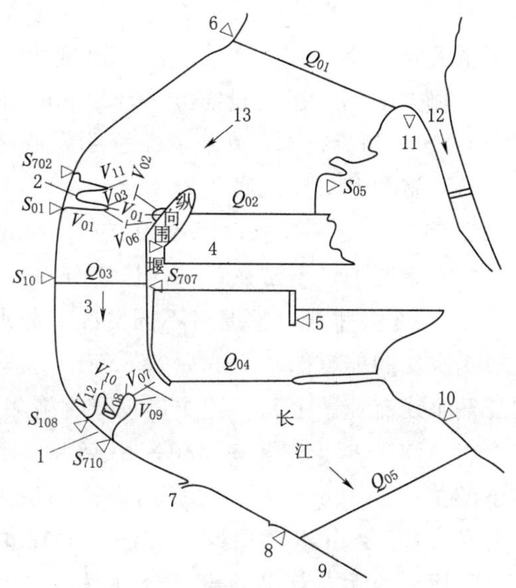

图 4-1　三峡工程明渠截流水力学原型观测布置图

1—下游截流戗堤；2—上游截流戗堤；3—导流明渠；4—泄洪闸上；5—泄洪闸下；6—茅坪（一）；7—茅坪下溪；8—高家溪；9—三斗坪；10—覃家沱（二）；11—狮子包；12—上引航道；13—长江；V—流速断面；Q—流量断面；S—水位站

三峡工程明渠截流水力学原型观测布置见图 4-1，截流河段布置 3 个流量断面（Q_{01}～Q_{03}）以测算分流比；10 个流速断面（V_{01}～V_{10}），其中 V_{01}、V_{02} 可作龙口流量断面；共设水尺 13 组，其中截流总落差为茅坪（一）至三斗坪水位差，上、下游河段截流落差分别为茅坪（一）至 S_{10}、S_{10} 至三斗坪的水位差。S_{02} 至 S_{04}、S_{08} 至 S_{10} 为上游龙口落差值。

4.3.1　GPS 用于定位测量

GPS 即全球定位系统（Global Positioning System），是通过特定程序对数据进行处理即可获得测点的精确位置。利用 GPS 进行定位测量具有全球性、全天候的特点，不受天气、昼夜、通视等因素影响，节约人力，提高工效。从 1990 年起，长江宜昌以上河段逐步采用 GPS 和全站仪配合测深仪进行岸上和水下地形测量（即水道地形测量），宜昌站、黄陵庙站水文测流断面，垂线定位，也采用了 GPS。传统光学仪器定位测量方法已基本被淘汰。长江葛洲坝工程和三峡工程的水文泥沙监测控制网已全部利用 GPS 测量技术进行了更新或重建。

4.3.2　ADCP 配合 GPS 测流

ADCP 即声学多普勒流速剖面仪（Acoustic Doppler Current Profiles）是一项从美国引进的新型测流技术，可以测量水流的瞬时流速分布与流量。其具有测验历时短、测速范围大、不扰动流场等特点。当测船装置河流型 ADCP（即 BBADCP）从河流一岸横渡到另一岸时，可以直接测出移动过程中河流该处的对应剖面流速分布与横断面流量。这种方法可全天候作业、自动化程度高、速度快，测量成果精度相对较高。以宜昌水文断面为例，常规方法测一次流量需60～120min，而用ADCP测一次流量只需3～5min。ADCP配合GPS的测流技术，在三峡工程明渠截流中发挥了常规方法不可替代的作用：

（1）施测龙口导流底孔分流比。在龙口合龙过程中用ADCP横渡法巡测可分流量断面（Q_{01}～Q_{03}），一次历时基本控制在30min以内，保证了资料的可比性和精度。

（2）施测上、下游龙口各向流速分布。上、下游龙口共布置流速断面10个，每个断面布设3～5条垂线。据龙口不同情况，分别采用两种方法：一种是“ADCP动船法”，即在机动水文测船（船长28m，宽5.5m，船速22km/h）安装ADCP探头，驶至流速断面定点测垂线流速。上、下游龙口较窄时施测方式类同横渡法测流。后来为测船操作方便和安全将ADCP探头安装在船艏采用逆水顶流定位，即测即进或即退施测方式，这一方式在下游龙口宽60m以后，仍然用来搜测最大垂线流速。另一种是“ADCP无人测艇法”，上游龙口宽130m以后用这一方法，即在龙口上游约300m处锚泊一艘牵引船，将载有ADCP探头的无人双舟测艇（全封闭钢质甲板双体船，总长8.2m，总宽4.5m）用钢索曳拉下放至龙口搜测垂线流速。

4.3.3 激光全站仪配合EPS成图

激光全站仪是集测角、测距、计算等功能于一身的新一代测量仪器，在有人立尺和无人立尺状态下均可使用，EPS成图软件可以方便地进行展点、连线、计算、编绘。在三峡工程明渠截流中成功地进行了两个项目的测绘：

（1）通过施测多个测点，绘出堤头形象。形成堤顶和水边两条曲线，找出曲线与戗堤轴线的交点坐标，从而算出口门宽与水面宽。

（2）按极坐标法及时测量龙口和堤头水位。这是传统经纬仪的视距测量方法不能完成的。

4.3.4 多波束测深及前视声呐

多波束测深系统也称声呐阵列测深系统。近年来多波束测深技术日益成熟，目前多波束测深系统不仅实现了测深数据自动化和在外业准实时自动绘制出测区水下彩色等深图，而且还可利用多波束声信号进行侧扫成像，提供直观的实时水下地貌特征，因此又形象地称它为“水下CT”。多波束测深系统工作原理和单波束测深一样，是利用超声波原理进行工作的，不同的是多波束测深系统信号接收部分由n个成一定角度分布的相互独立的换能器完成，每次能同时采集到n个水深点信息。三峡工程明渠截流中投入使用的多波束测深系统由美国RDI公司生产，型号为SeaBat 9001S。主要用于观测龙口合龙过程中上、下游戗堤水下部分的形象。SeaBat 9001S型多波束测深系统由基本配置、选件配置及后处理设备组成。

在三峡工程明渠截流中，当上、下戗堤龙口接近40m时，多波束测深系统只一条航线就完成了水下布点工作。如果采用单波束测深系统则最少要4条航线才能完成水下布点工作。这为减少测船通过龙口次数，缩短外业工作时间，使上、下戗堤围堰形象监测信息能安全、及时、准确提供给各用户发挥了重要作用。通过CARIS软件对测量结果进行数学建模，可生成三维立体图。

4.3.5 电波流速仪的应用

电波流速仪是用微波技术来测量水流表面流速。电磁波发射角为12°，在水面呈椭圆形扩散状。测量距离越远（有效测程100～200m），电磁波覆盖面越大。实际上测量的是部分面积的平均流速。其测验性能表现为水面起伏度越大，流速越大，精度越高，故适用于流速较大的环境中测量。2002年10月26日开始与ADCP测速仪作对比观测，11月1日13：00正式施测上、下龙口水面流速，此时上、下龙口宽度约为80m和55m（由于安全原因无法采用ADCP动船法测流速分布），1h至0.5h观测一组流速，共测得100余点流速，实测到截流过程中上游龙口最大流速为6m/s，下游龙口最大流速为5.13m/s。

4.3.6 网络通信的应用

工程截流期间，要及时收集和处理大量的水文观测信息，采用手工或用分散的计算机进行处理难度较大，为此，计算机网络通信技术逐步用到截流水文信息的处理之中，取得了较好的成效。

三峡工程导流明渠截流期间水文信息处理数据量大，时间要求紧迫，如果按照常规方法处理，不可能满足工作需要。导流明渠截流实施中，利用现代计算机网络技术和信息处理技术建立水文气象信息处理中心负责水位、流量、流速分布、导流底孔与截流口门的分流比、固定断面监测、水面流速流向等数据的收集、分析、计算、整理、归档，并向截流决策部门、指挥系统和施工单位发布水文和水力学观测信息。配置网络硬件，建立中心局域网，实现了从数据采集到信息实时、快速发布。信息主要通过网站以网页的形式发布，辅以电子邮件、电话、传真、手机短信、人工定向速递等。用户直接上网访问网站。网站采用动态更新的形式发布数据，只要登录到数据库中的数据，即可在网站上及时看到。与此同时，根据截流的进展情况，一天一次、一天两次或2h一次，制作水文监测综合信息，在网上发布。

5 工程实例

5.1 长江葛洲坝工程大江截流

1981年1月长江葛洲坝工程截流是我国首次在长江上截流，截流设计流量7300～5200m^3/s，落差2.83～3.06m，龙口宽度220m，水深10～12m，合龙抛投量22.8万m^3。龙口段合龙时间选定在12月下旬至1月上旬，导流建筑物为二江27孔泄水闸及其上、下游导渠。葛洲坝工程大江截流平面布置见图5-1。设计上，通过大量水工模型试验研究和分析计算，采用上游单戗堤立堵截流方法，下游戗堤尾随进占，不分担落差。此外采取多项降低截流难度的技术措施，确保大江截流的顺利实施。

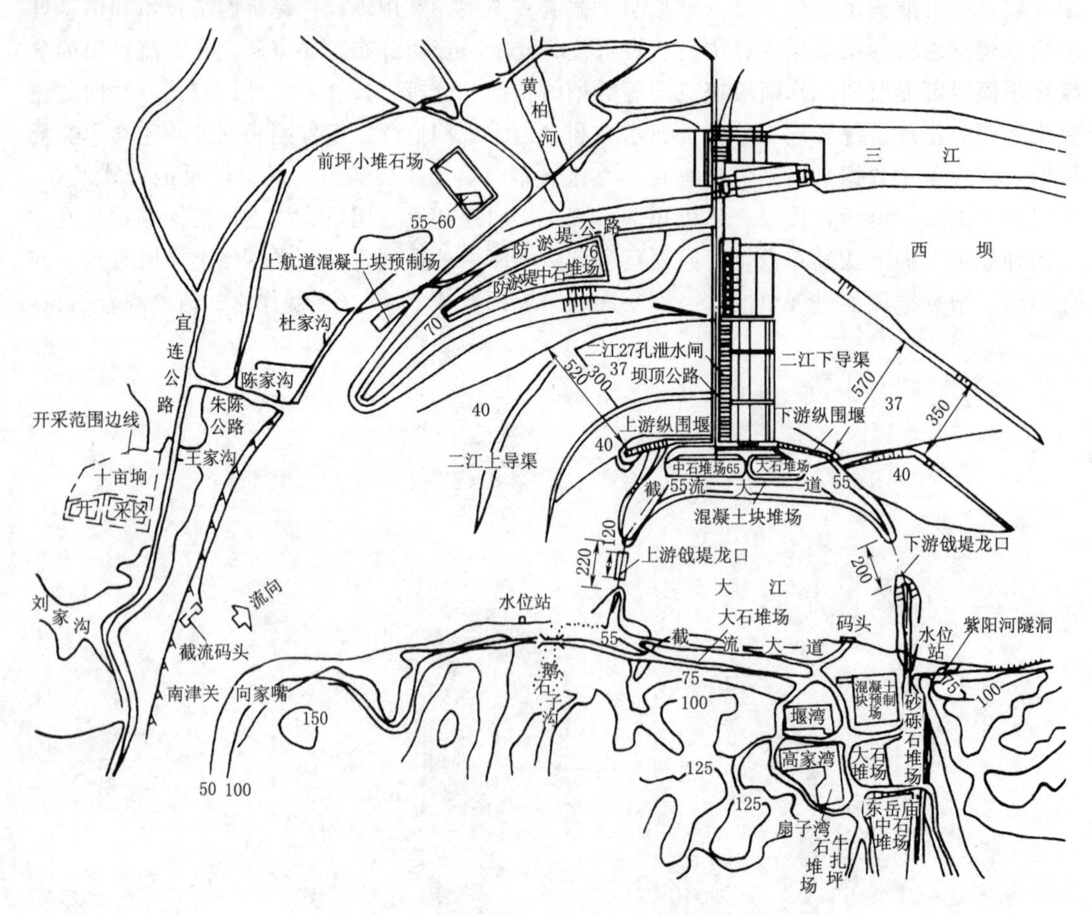

图5-1 葛洲坝工程大江截流平面布置图（单位：m）

5.1.1 截流特点及难点

葛洲坝工程大江截流，其截流规模和主要技术指标在当时国内江河截流中前所未有，在国外水利水电工程截流中亦属罕见。

（1）截流流量大。设计最大流量为7300～5200m^3/s，实际最大流量为4800～4400m^3/s。

（2）截流落差大、龙口流速大。设计最大落差2.72m，实际最大落差为3.23m；设计最大流速为6.06m/s，实际最大流速达7.5m/s，进占过程中，抛投的石料抛下即被冲走，几乎难以站稳。

（3）分流条件存在一定的不足。二江分流导渠及泄水闸底板比龙口河床高出7m。

综上可知，葛洲坝工程大江截流在当时的施工水平和施工条件下，具有相当大的难度。

5.1.2 截流设计

葛洲坝工程大江截流是我国首次在长江上进行的大规模的截流工程，经过多种截流方案的比较和大量水工模型试验，最后选定上游戗堤立堵截流方案。设计截流流量7300～5200m^3/s，相当于12月、1月的20年一遇频率月平均流量，戗堤顶部高程按20年一遇分旬最大日平均流量控制。设计截流最大落差2.72m，龙口最大平均流速6.06 m/s，单宽流量49m^3/(s·m)，单宽能量147（t·m)/(s·m)。与国内外大型截流工程相比，其综合规模居世界前列。其截流成败不仅直接关系到长江的通航和工程蓄水发电，更关系到截流施工的安全。在技术措施上，除备足各种不同规格的进占石料外，重点研究了做好龙口护底和合龙时采用10～25t大块石串及混凝土四面体串抛投断流等降低截流难度的措施。

葛洲坝工程大江截流戗堤布置，设计研究比较过在上游围堰和在下游围堰两个方案，选定在上游围堰。主要理由在于：①上游围堰截流戗堤龙口处右侧的覆盖层已冲光，左侧覆盖层厚1～4m，而下游围堰戗堤龙口处覆盖层厚5～11m，截流龙口选在覆盖层浅的位置有利；②上游围堰截流合龙抛投的大块体不需拆除，而下游围堰因水电站运行要求全部拆除，龙口合龙抛投的大块体，水下拆除困难；③有利于提前进行上游围堰的填筑，以便于汛前抢修至度汛高程；④在下游围堰截流比在上游围堰截流增加了大江基坑初期的排水量。

大江截流龙口范围内河床覆盖层较薄，龙口合龙进占抛投体的稳定性差。黄河三门峡水电站工程截流时，在龙口的下游侧设置钢管拦石栅，以阻拦龙口合龙过程中堤头进占抛投体的流失，取得较好的效果。葛洲坝工程大江截流龙口较宽，如采用拦石栅，工程量较大，施工困难，同时在两岸非龙口段戗堤进占前施工拦石栅，对长江航运有影响。为增加河床糙度，提高龙口合龙困难段抛投块体的稳定性，减少龙口水深和单宽能量，降低截流难度，设计通过分析计算和水工模型试验验证，选用重型（30t）钢架石笼和混凝土块体（17t重五面体）组成的拦石坎护底，使用4m^{3}铲扬式挖石船挖斗改装吊车直接吊放和210m^{3}翻斗式抛石船抛投。护底于1980年汛前施工，临截流前又继续进行，在150m×60m范围内总共抛投5～20t钢架石笼163个，17t混凝土五面体392块。

5.1.3 截流施工

1980年汛后，葛洲坝工程大江截流工程在既要维持长江航运，又要挖开导渠形成分流条件的情况下，进行有计划的非龙口段进占。此时的进占条件受长江航运、分流导渠开挖和防止堤头冲刷等因素的制约。由于事先进行了各种不利工况下的水力学计算和模型试验，非龙口段进占基本按照预定计划顺利进行。至1980年11月24日，两岸非龙口段进占提前23d完成，形成宽度203m的龙口，在遭遇10100m^3/s流量、龙口落差1.56m、堤头流速5.83m/s时，采用大块石和混凝土块等做好的防冲裹头安全无恙。

龙口形成后，由于二江基坑内工程尾工尚未结束，无法实现分流，迟至一个月后（1980年12月22日）基坑才进水，此时抢挖导渠水下剩余的36万m^{3}堰埂土石方成为截流的关键。由于水下开挖能力不足，直至龙口进占前夕二江分流条件仍未达到设计要求，尤其一期下游围堰的缺口仅为130m，为设计宽度的1/3。经综合分析水情条件和施工能力后，决定于1981年1月3日开始试进占合龙。

龙口合龙戗堤堤头布置见图5-2。戗堤顶宽25m，划分为3条行车线，上、下游侧路线分别通行装大块石及四面体和石渣的重车，中间路线通行空车。

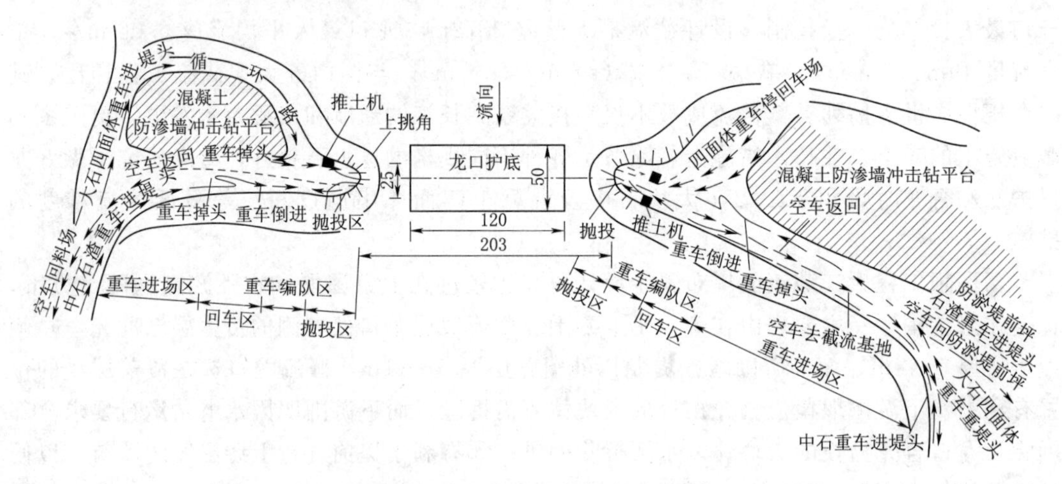

图5-2 龙口合龙戗堤堤头布置图（单位：m）

龙口合龙从1981年1月3日7：30开始，至1月4日19：53，两岸车辆可从合龙段戗堤顶面通行，共历时36h23min。合龙时的流量为4800～4400m^3/s；龙口最大水深10.7m，实测最大流速7.5m/s，最终落差为3.23m。大大超前了原定的10～13d的合龙计划。实际合龙过程中的水力学指标见表5-1。

龙口合龙具体进占过程为：至1月3日15：30，8h共进占50.2m，每个堤头每小时端进3.1m；至23：30，16h共进占91.3m，每个堤头每小时端进2.6m，龙口流量2800m^3/s，堤头落差1.6～1.8m，龙口最大流速6.25m/s。至1月4日7：30，24h两岸共进占131.5m，束窄至71.5m，龙口流量2200m^3/s，堤头落差2.3～2.4m，龙口最大流速6.5m/s；至上午11：30，龙口束窄至46m宽，龙口流量1350m^3/s，落差2.7～2.8m，实测最大流速7m/s；至下午15：30，龙口宽度束窄至24m，龙口流量340m^3/s，落差

表 5－1　　实际龙口合龙过程中的水力学指标

口门宽度/m		203	120	70	50	24	20	0
截流流量/(m^3/s)	总流量	4720	4600	4550	4400	4160	4140	4140
	龙口分流量	3930	2910	2030	1420	340	220	0
淹没度		0.94	0.82	0.78	0.72	0.68	0.67	—
流态		淹没流				非淹没流		
落差/m	总落差	0.99	1.59	2.14	2.53	3.04	3.07	3.23
	上游戗堤	0.47	1.45	2.14	2.53	3.04	3.07	3.23
流速/(m/s)	轴线平均流速	3.2	4.4	4.6	4.8	4.7	4.3	0
	最大表面流速	3.8	6	6.6	7	7.5	7.3	0
单宽流量/[m^3/(s·m)]		20.9	27.2	36.2	38.8	40.5	37.5	—
单宽能量/[(t·m)/(s·m)]		11.8	47.3	92.6	117.8	146	138.2	—

3.0～3.1m，最大流速 7.5m/s，此时进入合龙最困难阶段；至 18：00，龙口流量为 250m^3/s，落差 3.28～3.73m，流速 7.5m/s，采用大块石串和混凝土四面体串，用推土机推入龙口强行断流，直至全部合龙。

葛洲坝工程截流共抛投石渣 3.6 万 m^3，中石 4.4 万 m^3，大块石 2.0 万 m^3，混凝土四面体 793 块，总抛投量 10.62 万 m^3，创造了日抛投量 7.2 万 m^3 的截流进占新纪录；共投入 20～45t 自卸汽车 417 辆，4m^3 斗容挖掘机 24 台，5～6.9m^3 斗容装载机 8 台，180～410HP 推土机 24 台，5～60t 起重机 32 台。

龙口抛投 25t 混凝土四面体及四面体串（3～4 块一串，总重 75～100t）、3～5t 大块石及大块石串（3～4 块一串，总重 10～20t）。大江截流龙口合龙过程中，拦石坎护底发挥了重要作用。葛洲坝工程大江截流实践证明，钢架石笼和混凝土块体拦石坎对提高抛投块体稳定性，减少流失量的效果显著。

5.1.4　截流主要经验

通过采取多项降低截流难度的技术措施，确保了大江截流的顺利实施。葛洲坝工程大江截流成功，标志着我国截流技术达到世界先进水平。

（1）合理确定龙口宽度，预先做好龙口护底。葛洲坝工程截流龙口宽度是按非龙口段施工时流速 4m/s（相应落差 1m）左右，使用中等石料可顺利进占的原则确定为 220m。实际施工时，两岸非龙口段超前进占，形成龙口宽 203m，实测流速为 6 m/s（相应落差 1.56m），堤头和护底均未发现被冲动的迹象，说明龙口宽度束窄为 200m 左右是可行的。对类似的大流量河道截流，可预先做好龙口护底和大块石的备料，以尽量束窄龙口宽度，减少合龙工程量，缩短合龙历时。葛洲坝工程截流龙口处覆盖层平均厚度 1.7m，需要采取护底措施，以加糙河床，增加抛投料的稳定性。设计中曾研究了多种护底方案，最后选用拦石坎护底，坎顶高程 33.00～34.00m，范围 120m×50m，由 150 个 30t 钢架石笼和 400 块 17t 混凝土五面体组成。利用 90～120m^3 开底石驳抛投和 4m^3 铲扬式挖石船改装吊放完成。实际合龙时，在长达 120m 的区段内，龙口最大流速超过 6m/s，而施工进占顺利，抛投料的流失量仅为 3%～5%，充分证明拦石坎护底效果显著。

(2) 加大抛投强度，缩短合龙历时。大江截流合龙设计抛投量21万m^3，最大日抛投强度2.63万m^3，合龙时间13d，实际抛投量10.62万m^3，最大日抛投强度7.2万m^3，合龙时间36h，为快速单戗立堵截流提供了经验。

1）备料堆场尽量靠近截流戗堤。截流备料设计在两岸都布置堆场，左岸在纵向围堰右侧填筑15万m^2的截流基地，堆存龙口段的抛投材料，堆场距龙口0.7～1.2km。右岸沿江大道布置一些堆场，堆存龙口段的抛投材料，距龙口1.0～2.0km。堆场靠近戗堤，有利于缩短合龙施工车辆的运距，提高抛投强度。

2）保证截流施工道路畅通。两岸备料堆场至戗堤都修建了截流大道，混凝土路面宽18m，各备料堆场四周修筑碎石路面宽12～18m。由于施工道路标准较高，并派专人维护，保证20～45t自卸汽车阴雨天畅通。合龙期间，左、右岸截流大道日最高通过能力分别为5810车次和8010车次，为加快堤头进占创造了有利条件。

3）配备足够数量的大型施工机械。为抛投25t四面体，专门购置了45t自卸汽车和410HP推土机，施工机械设备按双戗截流配置，共投入20～45t自卸汽车417台，2.5～4m^3电铲24台，2～6.9m^3装载机15台，180～410HP推土机23台，5～110t起重机30台。施工实践表明，大吨位自卸汽车和大马力推土机对提高抛投强度发挥了较大作用，但由于投入的汽车较多，使两岸均有汽车排长队等待卸料的现象，车辆利用率30%～50%。

4）精心组织施工，提高抛投强度。截流合龙过程中，两岸共投入500多台机械施工。为便于指挥，对进入提头的车辆编队，固定料场装车，按设计要求的抛投方式，在戗堤轴线上游侧抛大块石四面体形成挑角，凸出长度5～10m，宽度6～8m，使其起挑流作用，在轴线下游侧抛投中小石渣。为保证车辆在堤头卸料时的安全，对20～30t自卸汽车控制后轮距堤头前沿边线1.5～2m，45t自卸汽车控制2～2.5m，大多数汽车可直接将抛投材料抛入水中，少数汽车是将抛投材料卸在堤头后用410HP推土机推入水中。由于各种机械有序配合，在保障安全的前提下，加快了抛投速度。

5.2 长江三峡工程大江截流

长江三峡工程大江截流及二期围堰工程是三峡工程的重大技术问题之一。在二期导流期间，由二期上、下游横向土石围堰和先期建成的混凝土纵向围堰，是保护大江基坑内大坝和电站厂房安全施工的重要屏障，工程的重要性及施工难度在世界围堰工程中首屈一指。三峡工程大江截流采用上游单戗立堵，下游戗堤尾随的截流方案。

三峡二期围堰堰体的主要填筑材料为风化砂、石渣料、块石料、平抛垫底砂卵石料、级配卵石或碎石组成的过渡料，防渗采用塑性混凝土防渗墙上接土工合成材料组成的心墙复合防渗结构。二期围堰水下最大填筑深度60m，最大挡水头85m，防渗墙最大高度74m，形成蓄洪库容20亿m^3。三峡工程大江截流施工平面布置见图5-3。

5.2.1 截流特点及难点

(1) 截流水深大。三峡工程坝址在下游已建葛洲坝工程水库上游边缘，截流最大水深达60m，超过美国达拉斯水电站工程截流水深53m、巴西—巴拉圭伊泰普水电站工程截

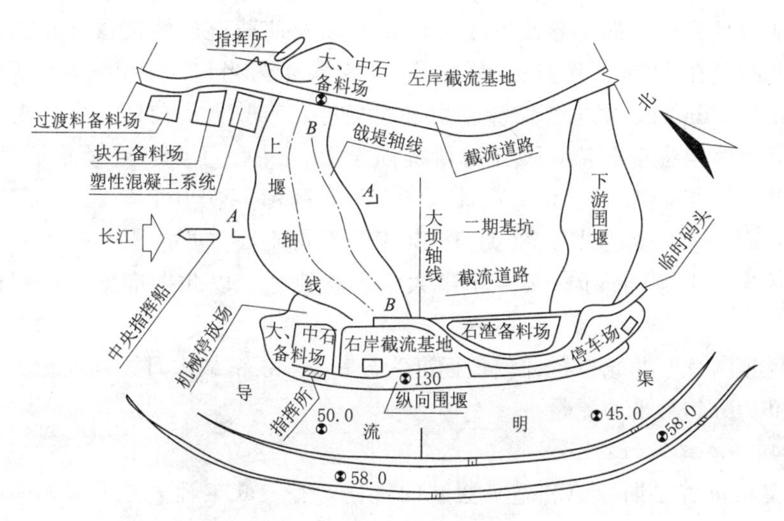

图 5-3　三峡工程大江截流施工平面布置图

流水深 40m，为世界之最。三峡工程大江深水截流，不仅增大水下填筑量，其突出难点是深水水流中抛填散粒料，容易发生堤头坍塌从而危及施工安全。

（2）截流流量大。三峡工程大江截流后必须在一个枯水期建成上、下游两座高达 81.5m 和 65.5m 的土石围堰，确保 1998 年安全度汛和基坑按期抽水。据此，拟定截流设计流量为 14000～9400m^3/s，实际截流流量为 11900～8480m^3/s，均超过国内外水电工程实际最大截流流量（阿根廷—乌拉圭雅西里塔水电站工程 8400m^3/s，巴西—巴拉圭伊泰普水电站工程 8100m^3/s，我国葛洲坝工程 4800～4400m^3/s）。

（3）截流期间不允许断航。截流施工与长江航运密切相关，导流明渠未分流或分流但未正式通航前，船舶仍从大江主河道束窄口门通行，因而戗堤预进占和水下抛填作业均不得妨碍主河道通航，截流合龙后从明渠通航，也要满足通航要求，不允许造成长江航运中断。

（4）河床地形、地质条件不利于截流。三峡工程花岗岩质河床上部为全、强风化层，其上覆盖有砂卵石、残积块球体、淤砂层，葛洲坝水库新淤砂的深槽处厚 5～10m，深槽左侧呈陡峭岩壁，地质地形条件对戗堤进占安全十分不利。

（5）水下填筑工程规模大、工期紧、施工强度高。上、下游土石围堰填筑量 1060 万 m^3，80%左右为水下填筑，工程量巨大、工期紧。要求下游围堰背水侧石渣堤同时尾随上游围堰截流戗堤进占，且上、下游两堤相应的围堰堰体也距堤头 30～50m 全断面进占，以尽早形成围堰防渗墙施工平台，从而呈现了左、右岸共 8～10 个工作面高强度抛填施工的局面。实施中，创下了连续抛投 19.4 万 m^3/d 的截流施工新纪录（伊泰普水电站工程截流为 14.6 万 m^3/d）。

5.2.2　截流设计及技术研究

1. 截流时段和流量标准

鉴于三峡工程大江截流及其后二期围堰施工，工程十分艰巨，时间紧迫，三峡工程大江截流不可能选在最枯时节 1 月下旬至 2 月下旬（流量仅 6100～2950m^3/s）。技术设计阶段，综合围堰合理施工工期、导流明渠分流条件以及使截流连续进占合龙有较高的保证率，选定截流时段在11月下旬和12月上旬，截流流量为当旬5%频率的最大日平均流量14000m³/s和9010m³/s，根据当时导流明渠施工进度有较大提前的实际情况，技术设计报告中建议导流明渠提前分流，截流时段提前至11月中、下旬。经慎重研究审查决定，导流明渠提前于1997年5月分流。据此有利条件，确定11月中旬截流，截流设计流量为14000～19400m³/s。前者相当于11月5%频率月平均流量，可立足于11月中旬一举截流合龙，后者相当于11月上旬10%频率最大日平均流量，以此做准备，可相机提前截流合龙。

截流戗堤顶高程及非龙口抗冲流量标准为分旬5%频率最大日平均流量。非龙口抛投进占流量标准为分旬月平均流量。

2. 截流期分流建筑物

导流明渠担负着二期导流和施工通航的重任，是三峡工程大江截流期间唯一分流建筑物。导流明渠位于长江右岸，右侧岸边线长3950m，左侧为纵向混凝土围堰全长1191.5m，渠底最小宽度350m，明渠采用不同渠底高程的复式断面型式：右侧高渠底宽100m，底高程58.00m；左侧低渠宽250m，底高程45.00～50.00m。导流明渠布置和断面设计以满足施工期通航水流条件为前提，并可安全宣泄导流设计洪水，导流明渠泄流能力见表5-2。由于明渠分流能力较大，且又实现提前分流，为三峡工程大江截流施工各阶段提供了十分有利的条件。当按截流设计流量进行合龙，龙口最终落差0.8～1.24m，龙口最大平均流速3.3～4.2m/s，使三峡工程大江截流具有低落差、低流速截流的特征。

表5-2　三峡工程导流明渠水位-流量关系表

流量/(m³/s)	6400	9010	14000	19400	23100	30100	41400	46800	72300	79000
水位 $H_{上}$/m	66.24	66.60	67.44	68.48	69.51	71.05	74.15	75.54	82.28	84.00
水位 $H_{下}$/m	66.15	66.32	66.64	67.24	67.70	68.74	70.80	71.85	76.95	78.40

3. 龙口河床平抛垫底

三峡工程大江截流合龙虽然落差和流速不大，可大量利用开挖石渣和中小块石抛填截流戗堤，但截流施工水深达26～45m，最大水深60m，居世界之最。通过1：80水工模型试验，发现抛填进占过程中，堤头多次发生严重坍塌，沿堤头坍塌最长达15～20m，宽达5～10m。堤头坍塌将危及施工人员和机械设备的安全，延缓截流工期，成为三峡工程深水截流突出难题，为此增建大比尺截流模型进行专题试验研究。综合分析认为堤头坍塌是多种因素作用的结果，其中龙口水深是主导因素。模型试验表明龙口水深由60m减小到30m，相应堤头平均坍塌面积和最大一次坍塌面积分别减少35%、36%，当水深减小到20m，上述参数分别减少64%、55%，说明减小龙口水深是缓解堤头坍塌的有效途径。设计综合二期围堰断面结构、施工作业方式、工期、施工期通航等因素，在上、下游围堰深水河槽预先平抛砂砾石、石渣和块石抬高河底高程减小水深至30m以内。平抛垫底设计高程40.00m，顺水流顶宽上游约180m、下游95m，沿戗堤轴线长以填平高程40.00m以下河槽为准，设计工程量89万m³，安排在1996年11月至1997年汛前基本完成。为使上游侧砂砾石体免遭度汛冲蚀，降低其顶高程 3～5m，形成“高低坎”形式，汛后再作补抛。三峡工程大江截流平抛垫底结构见图 5-4。

平抛垫底施工采用 280m 底开式和 500m 开体式自卸驳船。事先在 1∶20水槽中进行模拟抛投试验，提出了抛投料在不同水深和流速时水下漂移成型试验成果及相关施工参数，建议作业部位垂线平均流速不超过 0.75～1.0m/s，再通过实船试抛，进行定位抛投。此外，还建议平抛垫底采取分区施工作业，以免影响大江通航。

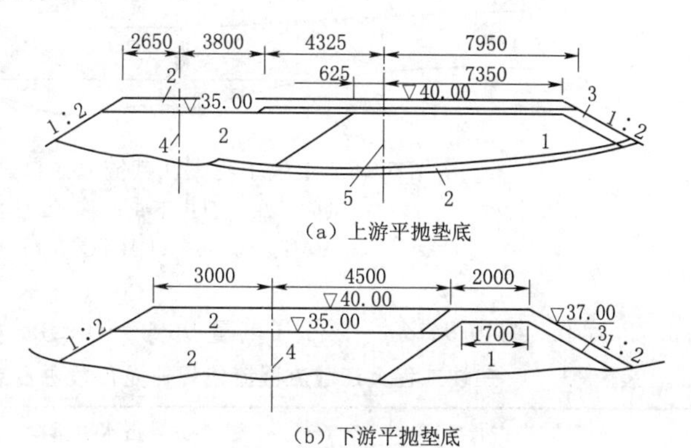

图 5-4　三峡工程大江截流平抛垫底结构图
（尺寸单位：cm，高程单位：m）
1—石渣；2—砂砾石；3—块石；
4—围堰轴线；5—截流戗堤轴线

4. 上游单戗堤立堵截流方案设计

三峡工程大江截流设计方案，曾比较上游戗堤立堵和浮桥平堵两个方案。浮桥平堵方案需在预留口门架设长 350m 重载大型浮桥，费用较高，且占直线工期，还对通航有一定影响，设计未予推荐。长江第一次截流——葛洲坝工程大江截流采用单戗堤立堵截流成功的经验，对三峡工程大江截流采用立堵方案有直接借鉴意义。

三峡工程大江截流采用上游截流戗堤立堵截流、下游戗堤尾随进占的截流方案，上游截流戗堤设在上游围堰背水侧，轴线大致与围堰轴线平行，轴线长度 797.4m。截流龙口位于主河槽偏右，龙口段长 130m，左、右岸非龙口段分别长 284.2m 和 383.2m，戗堤高程按不同进占时段 5%频率最大日平均流量相应水位确定，自两岸非龙口段高程 79.00m 至龙口段高程 69.00m。堤顶宽度：非龙口段为 25m，龙口段为 30m，可满足 4～5 辆 45～77t 自卸汽车同时在堤头抛投。上游截流戗堤设计抛投量为：非龙口段 98.72 万 m^3，龙口段 20.84 万 m^3。

截流戗堤非龙口段束窄口门宽度主要受通航要求控制。根据导流明渠提前于 1997 年 5 月分流的有利条件和河床平抛垫底的实况，以其相应的口门水力指标和船模通航试验成果为依据，设计安排非龙口段进占大体分两个阶段：

第一阶段，自 1996 年汛后至 1997 年汛前，上游截流戗堤进占至口门宽 460m，下游围堰戗堤进占至口门宽 480m。汛期长江来流量 45000m^3/s，口门泄流量 32600m^3/s，口门水流条件满足通航条件。遇全年 5%频率洪水 72300m^3/s 和各旬抗冲设计流量，平抛垫底呈“高低坎”体型，堤头抛大石裹头保护，可安全度汛。

第二阶段，自 1997 年汛后起于 9 月底达口门宽 360m 后，大江禁航，导流明渠正式通航，10 月尚应分旬控制口门宽度以使通过明渠的分流量满足明渠通航水流条件。11 月上旬形成上游龙口。非龙口进占程序见图 5-5，截流戗堤非龙口段进占束窄和口门水力指标见表 5-3。

戗堤进占抛投材料块径，根据水力学计算和水工模型试验选定，提出各分区抛投材料组合。上游戗堤非龙口段设计抛投总量 98.72 万 m^3，其中石渣料（一般 d=0.5～80cm）

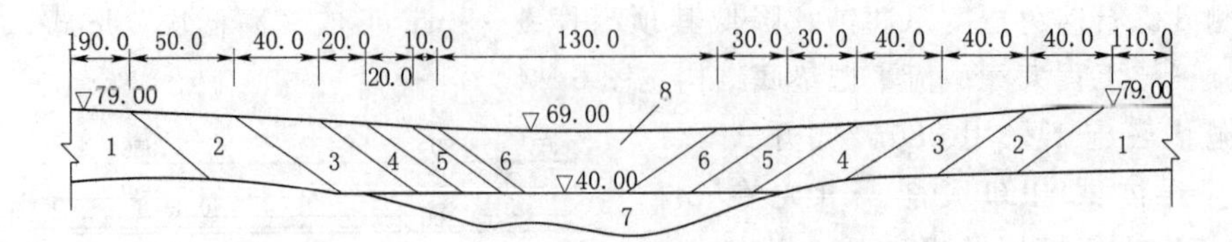

图 5-5　三峡工程大江截流非龙口进占程序图（单位：m）

1—汛前；2—9 月中下旬；3—10 月上旬；4—10 月中旬；
5—10 月下旬；6—11 月上旬；7—平抛垫底；8—龙口

92.72 万 m^3 约占 94%，中石（重量 90～470kg）、大石（重量 0.7～1.7t）各 3 万 m^3。

表 5-3　三峡工程大江截流截流戗堤非龙口段进占束窄和口门水力指标（设计）

施工时段		进占长度/m		束窄口门宽度/m	进占水力指标					抗冲水力指标				
		左岸	右岸		流量/(m^3/s)	口门泄流量/(m^3/s)	口门平均流速/(m/s)	堤头流速/(m/s)	落差/m	流量/(m^3/s)	口门泄流量/(m^3/s)	口门平均流速/(m/s)	堤头流速/(m/s)	落差/m
1997 年汛前				460.0						72300	48200	4.42	4.75	1.08
9 月中下旬		60.0	40.0	360.0	30000	18500	2.71	3.75	0.44	50000	29600	3.84	4.48	0.81
10 月	上旬	40.0	40.0	280.0	27500	13600	2.83	3.06	0.54	42400	20500	3.72	4.37	0.99
	中旬	20.0	40.0	220.0	23400	9700	2.92	3.18	0.61	35100	14300	3.58	3.91	1.03
	下旬	20.0	30.0	170.0	19100	6400	2.86	3.15	0.49	27700	9400	3.77	3.9	0.99
11 月上旬		10.0	30.0	130.0	14800	3500	2.68	3.01	0.42	21900	5300	3.70	3.88	0.79

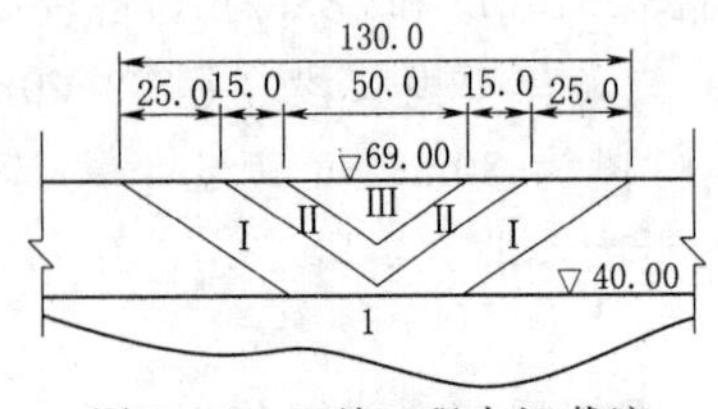

图 5-6　三峡工程大江截流龙口进占程序图（单位：m）

1—平抛垫底

龙口段从两岸同时进占合龙，据水力特性将龙口分为三个区段（见图 5-6），龙口河床平抛垫底至高程 40.00m 后，当龙口宽 75m 时形成三角形过水断面，合龙困难段将在第Ⅱ区段。上游截流戗堤龙口合龙进占水力指标见表 5-4。

龙口段设计抛投总量 20.84 万 m^3（计入流失量 5%），其中石渣料 11.98 万 m^3（占 57%），中石 4.26 万 m^3（占 20%）、大石 4.6 万 m^3（占 23%），合龙困难段还准备抛投一部分 1.5t 大块石及 3～5t 特大块石。

表 5-4　上游截流戗堤龙口合龙进占水力指标（设计）

截流流量/(m^3/s)	指　标	龙口口门宽度/m				
		130.0	80.0	50.0	30.0	0
14000	龙口泄流量/(m^3/s)	4470	3450	1250	210	0
	上游水位/m	67.15	67.35	67.39	67.42	67.44
	下游水位/m	66.64	66.64	66.64	66.64	66.64
	落差/m	0.51	0.71	0.75	0.78	0.80
	龙口水深/m	26.77	26.94	18.40	9.20	0.00

续表

截流流量/(m^3/s)	指　标	龙口口门宽度/m				
		130.0	80.0	50.0	30.0	0
14000	龙口平均流速/(m^3/s)	2.59	3.06	3.15	3.33	
	单宽流量/[m^3/(s·m)]	57.02	73.55	52.07	26.59	
	单宽能量/[(t·m)/(s·m)]	29.1	52.2	39.1	20.70	
19400	龙口泄流量/(m^3/s)	6110	3820	1450	750	0
	上游水位/m	68.01	68.30	68.41	68.46	68.48
	下游水位/m	67.24	67.24	67.24	67.24	67.24
	截流落差/m	0.77	1.06	1.17	1.22	1.24
	龙口水深/m	27.58	27.70	18.40	8.80	
	龙口平均流速/(m^3/s)	3.19	3.74	3.93	4.16	
	单宽流量/[m^3/(s·m)]	64.26	78.11	56.67	32.30	
	单宽能量/[(t·m)/(s·m)]	49.50	82.8	66.30	39.4	

5.2.3　截流施工准备

1. 截流备料

（1）备料特性。按照设计要求，三峡工程大江截流及二期围堰填筑总备料量约1163万 m^3（不包括平抛用砂石料和右岸预进占填料）。由于现有备料场较为分散，已堆存料级配混杂，其中大部分要经过分级筛选，尤其是风化砂中含有大量影响防渗墙施工进度和质量的块球体，需提前翻挖剔除，但要将风化砂全部翻挖筛选，一是受转料堆场限制，难度较大；二是成本太高，因此，在有限的时段内对备料场进行合理规划开采，并集中力量按时完成施工必需的过渡料、大块石等材料备料，是确保大江顺利截流和围堰安全度汛的关键。

（2）备料措施。为确保水下抛填风化砂在防渗墙轴线两侧各5.0m范围内不含粒径大于20.0cm的块石，拟在1号料场开挖储备75万 m^3 风化砂，并采取以下控制措施：选料开挖、挖装把关、分层铺料、利用机械辅以人工剔除粒径大于20.0cm的坚石。在现场抛投时把该备料用于防渗墙轴线两侧各5.0m范围内，并领先进占，两侧跟进从料场直接开采来的风化砂。石渣和石渣混合料根据调查核实的具体情况，分类、分区、分层进行开采堆存。11万 m^3 中石和5万 m^3 大石是截流前必需的备料。采取措施为：在左、右岸所有料场分拣；从预进占石渣料和石渣混合料的开采过程中挑选。具体方法是：推土机送料，利用台阶重力分选，装载机挖装；利用正铲配汽车在料场翻挖挑选；所有挑选出来的合格料均运往指定料场备存。对直接从料场取料用于水下抛投的石渣和石渣混合料，在挖装过程中加强自检，及时剔除直径大于1.0m的超径石，并设专人监督检查，明确责任。对水上回填风化砂、石渣和石渣混合料中所含超径石的剔除，除了在料场挖装过程中严加控制之外，还在填筑现场认真检查，一旦发现超径石，就使用振动锤破碎或用反铲、装载机挖除。

在料场或填筑现场剔除的超径石，凡符合有关填筑料技术规格要求的，就地堆集装运至合适部位填筑或备存待用，以减少弃料量。

2. *截流施工布置*

(1) 施工道路。三峡工程大江截流主要施工道路有苏刘路、苏黄路、苏覃路、苏苏路、全军路、苏军一路、江峡大道（部分）、右岸截流大道以及1号和3号备料场与苏刘路的连接道路，其中苏刘路、苏军路、苏覃一路为改扩建道路，苏苏路、右岸截流大道、1号和3号料场路为新建道路。这些道路按料场的位置及分时段取料要求进行规划与改扩建。

根据三峡工程大江截流工期安排，1997年8月之前完成新建和改扩建道路的施工。由于截流时段提前，堰体跟进速度加快，围堰填筑高峰强度突破预定量，主干道的车流量超过5000辆/d，因此拟在非龙口段施工期间，将苏刘路和苏军路两条主干道拓宽至40.0m，苏苏路也相应裁弯加宽，以确保施工强度和交通安全。

(2) 施工码头。在三峡工程大江截流施工期间，为沟通左、右岸与右岸截流基地的联系，保障机械设备转运、物资供应和人员往返，左、右岸共布置3个码头。

A. 左岸上游截流码头。布置在上游截流基地上端右侧，由斜坡道高程73.00m装料平台、趸船和装船皮带机组成。该码头设计水位66.00～72.00m，为水下平抛垫底石渣及块石装船专用。

B. 右岸下游截流码头。一期上、下游横向围堰拆除和导流明渠通航后，右岸截流基地形成孤岛，为方便截流基地与左、右岸的交通，在截流基地下游侧布置一临时交通码头。

C. 白庙子码头。布置在右岸青树坪砂石码头下游350m处，通过临时道路与西陵大道相连，作为交通码头。

右岸两个码头设计水位66.00～71.00m，斜坡道高程71.00m以下部分坡比为10%，以上部分为8%。码头均采用混凝土路面，路面宽9.0m，码头前沿用袋装混凝土作挡墙。

(3) 施工场地布置。由于被其他标段施工设施所占压，三峡工程大江截流实际可利用的场地仅有18.4万m^2，比原计划给定的面积少18.1万m^2，因此，在安排施工所必需的备料和生产设施时，遵循合理布置、统筹规划的原则。

为满足施工需要，左、右岸共布置了3个大型截流基地。其中左岸上、下游截流基地分别位于上游围堰堰头、下游围堰上游侧和覃家沱大桥以西，主要布置截流指挥所，停车场及维修站，过渡料，块石和中石、大石、特大石备料场等。截流指挥所布置在左上围堰连接段高程88.50m平台上，停车场及维修站分别布置在苏覃路下游侧和覃家沱大桥以西区域，各备料场场平总面积约6.0万m^2。

右岸截流基地位于混凝土纵向围堰与一期土石围堰之间，主要布置5号料场、汽车停放场、施工机械维修站、截流指挥所、现场值班室等。5号料场用于石渣、块石和混合料备料，场平面积约2.7万m^2，原拟备料108万m^3。汽车停放场1.0万m^2，分散布置在上、下游截流道路两旁。截流指挥所和现场值班室布置在混凝土纵向围堰上纵堰外段的堰顶上。

3. *截流设备选型及布置*

(1) 设备选型。为满足高强度截流施工的要求，在设备选型上遵循以下原则：优先选用大容量、高效率、机动性好的全液压设备；充分利用现有的大型设备；选用6.0～9.6m^3的液压挖掘机及9.6m^3以上的装载机进行挖装，特大石和大石则以4m^3电铲为主；运输设备主要选用45～77t的大型载重自卸汽车，32t自卸汽车辅助运输；在堤头上尽量选用大马力的卡特（D9～D11型）推土机，保证高强度连续作业。

（2）设备布置。考虑到右岸截流基地范围小，设备布置应以数量少、效率高为主；左岸料场范围广，供电方便，可以使用WK-4型电铲和液压挖掘设备；大型运输设备（如卡特777型）主要用于装特大石、大石和中石，小型设备用来装石渣料。

5.2.4 截流施工

1. 平抛垫底

（1）工程概况。三峡工程大江截流及二期围堰是在葛洲坝水库中进行施工的，水深大，流速低。截流水工模型试验表明，截流戗堤堤头有坍滑现象，且规模较大，严重时危及施工机械设备和人员的安全，为了遏制堤头坍滑的规模和频率，避免堤头坍滑事故发生，在河床深槽段采用水下平抛垫底，减少截流戗堤进占抛投水深，保证了截流施工的安全，降低了截流龙口进占抛投强度，对高速、安全实现三峡工程大江截流起到重要作用。三峡二期围堰上下游围堰平抛垫底施工方法基本相同，下面以上游围堰平抛垫底施工为例加以叙述。

按设计要求，上游围堰河床段高程低于40.00m的深槽部位采用砂砾料、石渣及块石平抛垫底。平抛垫底范围为戗堤和堰体底部，水流向宽280m，其中围堰轴线上游侧宽80m，下游侧宽200m；左右方向长185m，水下抛投面积约4.42万m^2。上游围堰平抛垫底施工分两个阶段进行，第一阶段为1996年12月至次年7月，平抛垫底至35.00～37.00m高程；第二阶段为1997年10—11月，平抛垫底至40.00m高程，截流戗堤龙口段，平抛垫底至45.00m高程，局部垫底至52.00m高程。上游平抛垫底工程量见表5-5。流失系数：砂砾石：1∶1.15，石渣：1∶1.04。

表5-5　　三峡工程大江截流上游平抛垫底工程量表　　单位：万m^3

抛填材料	设计量	抛投量	断面量	抛填材料	设计量	抛投量	断面量
砂砾石	26.416	30.642	25.4595	块石	14.397	14.397	17.725
石渣	33.177	36.495	35.09	合计	73.99	81.534	78.2745

平抛垫底施工特性为：抛填工程量大，抛投强度高；抛填水深大，最大水深为57m，最小水深40m，平均水深48.5m；平抛垫底范围位于长江主航道，施工与长江航道之间的矛盾突出；河床为葛洲坝工程蓄水后新淤积粉细沙层，平均厚度8.00m，最大厚度达21.0m，因其易于冲失，从而延长了平抛成形稳定的时间，并增加了抛投工程量。

（2）施工程序。在制订平抛垫底施工序时，除了考虑结构要求和施工船舶特性外；还要考虑航运和施工安全。为了既满足平抛施工，又保证航道畅通，分为左、右两个区，一区通航，另一区施工。

1）将有效航宽355m分成左、右两个平抛区，先右侧平抛，左侧通航；右侧抛填至高程35.00～37.00m后，航道改到右侧，进行左侧抛投。

2）在平抛区施工时，首先分序连续抛投至35.00m高程，形成拦砂坎；然后，定位船上移抛填围堰轴两侧 30m 宽的砂砾石料至 35.00m 高程；接着抛填其余部分的砂砾料。此时，定位船下移，再抛填压顶压坡块石至 37.00m 高程以上。

（3）施工方法。

1）抛填料采运。

A. 砂砾料：采用长江下游云池料场，在料场用 $750m^3/h$ 链斗采砂船挖装 $700m^3$ 砂驳和 $1000m^3$ 甲板驳运到工地，然后用输砂趸船和双 10t 抓斗转至 $500m^3$ 开体驳或 $280m^3$ 开底驳运至抛填部位。

B. 石渣料：在苏家坳 12 号料场用装载机装 20～32t 自卸汽车运至左上围堰 4 号截流基地，再用 $4m^3$ 铲扬挖装 $500m^3$ 开体驳或 $210m^3$ 侧抛驳运至抛填部位。

C. 块石料：在料场用反铲选取合格的块石，装 20～32t 自卸汽车运至左上围堰 4 号截流基地堆存；然后采用 $4m^3$ 铲扬船挖装 $500m^3$ 开体驳或 $210m^3$ 侧抛驳运至抛填部位。

2）定位。在抛投区，用一艘 1600t 趸船在规划好的条带内定位。定位船五锚作业，定位、摆动、移位准确灵活。

组织测量专班，对抛投起点、终点，边坡、转点等控制点严密监测。每次移位，定位均用岸上经纬仪交会，定位及摆动和上下移动用六分仪校位，严格控制设计抛投断面。

定位船左右设压缆装置，不影响长江航运，其上绞缆装置齐全，抛投船只停靠稳定。

3）抛填。平抛区按垂直围堰轴线方向每 40～50m 分成一个作业条带，抛投时定位船在作业条带范围内左、右摆动，上下移动。

抛填船只依托定位船准确按顺序抛填。

抛填 5～6d 后，施测 1：1000 水下地形图，然后按间距 20m 绘横断面图，对照设计断面，检查水下抛填体形。

超过 20m 水深用回声仪施测，20m 以内用测绳施测。当抛填接近设计高程时，用回声仪检测。

（4）质量控制。

1）控制料源质量，对围堰轴线上的砂砾料在料场装船时，用隔筛筛除粒径大于 80mm 的砾石。石渣及块石质量控制在挖装时进行。

2）平抛质量控制的关键是做到准确定位，且各种填料不允许混抛，尤其不允许石渣与块石抛至防渗墙轴线上，以免给防渗墙造孔带来困难。

3）在上游围堰，定位船选定在戗堤区域，抛填至 35.00m 高程；然后定位船向上游移位，率先在防渗轴线上、下 15m 范围内抛填粒径不大于 80mm 砂砾石料，抛至 35.00m 高程后再抛填以外两侧砂砾石料。最后抛填压顶压坡块石。

4）当流量大于 $14400m^3/s$，垂线平均流速大于 1m/s 时，砂砾石料停抛；或者垂线平均流速在 1.2m/s 以下时，提高砂砾石料的含砂率，继续抛填。

5）平抛施工还要视水情相机决定，流速小就抛，大则停，其目的是防止抛填料粗化与减少抛填损失。

2. 截流合龙

导流明渠清淤及水上部分开挖始于 1993 年汛前。1994 年 7 月至 1997 年 4 月，在一期围堰保护下进行了大面积干地开挖和防护结构施工。堰外明渠进、出口段和围堰下压的岩石开挖约计 72 万 m^3，是施工难题，在 1995—1997 年两个枯水期，采取修筑临时挡水堰变为干地开挖完成约 80%，导流明渠提前于 1997 年 5 月 1 日过流。导流明渠过流后继续进行挡水堰外水下岩石开挖，于 1997 年 7—9 月明渠试航，10 月正式通航。导流明渠提前分流为截流施工和维护通航提供了十分有利的条件。

上游截流戗堤和下游围堰戗堤，自 1996 年 10 月 30 日起从左、右岸进占，至 1997 年 7 月初形成上游口门宽 460m，下游口门宽 480m，上、下游围堰石渣堤及中部风化砂堰体填筑滞后约 30～50m。平抛垫底大体在 1996 年 12 月至次年 7 月抛至高程 35.00～37.00m，完成度汛断面。1997 年 10—11 月进行补抛，上游截流龙口局部加抛石渣和块石至高程 43.00～45.00m。上游平抛垫底完工实测水下成形见图 5-7。

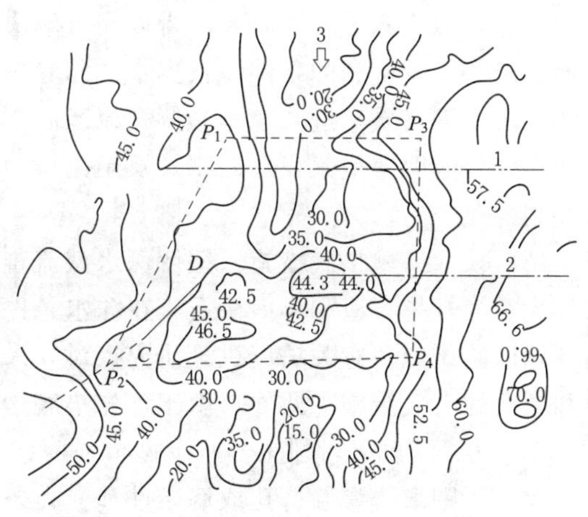

图 5-7　三峡工程大江截流上游平抛垫底完工实测水下成形图

1—上围堰轴线；2—上戗堤轴线；3—长江

为兼顾大江河段通航，将垫底分为左、右、上、下 4 个区，采用半河床抛投，另一半河床通航，分区轮换施工。平抛砂砾石和石渣一般在流量小于 8000m^3/s 或 10000m^3/s、流速 0.75～1.0m/s 以下时进行抛投作业，流速大则停抛砂砾石，以减轻抛投材料粗化。1997 年 4 月前，长江流量一般在 3500～5500m^3/s，流速较小，取得较好抛投效果。据施工统计，上、下游平抛垫底实抛统计方为 115.6 万 m^3，其中砂砾石统计方 38.7 万 m^3，在断面范围内测量方量 27.7 万 m^3（视为有效抛投），有效抛投量约占统计方量的 72%。

1997 年 9 月 12 日起由非龙口段开始进占，形成上、下游围堰戗堤和堰体全面大规模进占施工局面。10 月 14—15 日，组织进行实战演习，创日抛投强度 19.4 万 m^3 的世界纪录。10 月 23 日上游截流戗堤形成龙口 130m，下游戗堤口门宽 202m。据水文预报，后 3d 流量为 10600～9400m^3/s，且呈降势。截流领导小组决策 10 月 26—27 日龙口突击进占，当龙口在 100m 左右，进入困难段，采用大块石和特大块石挑角抛投，然后一举进占形成宽 40m 的小龙口，该段进占遇最大流量 11600m^3/s，测得最大落差 0.66m，最大流速 4.22m/s，进占历时 22.5h，左、右岸截流堤头共抛投 12.1 万 m^3，两个堤头每小时平均抛投 316 车，最大小时强度 6500m^3/h。11 月 8 日 9：00—15：30，抛投 2.31 万 m^3，完成 40m 小龙口合龙。

5.2.5　截流主要经验

三峡工程大江截流的成功实施，创立了世界江河截流史上多项新纪录，标志着我国大江大河深水截流技术达到了世界领先水平。

（1）修建巨型导流明渠，实现提前分流。导流明渠设计以通航水流条件和导流泄洪为前提，其巨大的泄流能力为三峡工程大江截流创造良好的分流条件，使截流合龙呈低落差、低流速特征，充分起到了降低截流合龙难度的作用。通常，江河截流的分流建筑物安排在开始截流合龙前破堰分流，常因分流不畅而陷截流合龙于被动。三峡导流明渠，规模巨大，原设计安排在形成龙口前于1997年9月分流。在导流明渠施工中，采取了最大限度地变水下开挖为干地开挖等有效措施，使导流明渠提前于汛前5月实现分流，提前一个月通航。使大江截流戗堤和堰体得以提前进占，减少龙口水深的平抛垫底措施得以在汛前顺利实施，截流施工与通航矛盾得以妥善解决，为促进三峡工程大江截流进展和保持航运畅通创造了十分有利的条件。根据水文测验，导流明渠分流初期，虽曾出现水流挟带上游泥沙（多为推移质）进入渠身左侧缓流区淤积，随着大江截流口门束窄，导流明渠分流流量增大，导流明渠呈累积性冲刷，及至龙口合龙，导流明渠仍以其良好的分流条件确保龙口顺利合龙。

（2）采取平抛垫底措施，缓解深水截流难度。据三峡工程大江截流水力条件，其截流物料大量为开挖石渣和小中块石，在深水条件下堤头坍塌成为突出难点。经大比尺截流模型专题试验研究和有关坍塌机理研究探讨，采取平抛垫底减小施工水深是减轻堤头坍塌规模和频次的有效措施。此外，由于预先垫底抬高了河床，使二期围堰底宽缩减而节省填筑方量100万m^3以上，削减了水下抛填强度；水下抛填的砂砾石密度比水下抛填的风化砂高，改善了围堰防渗墙造孔成墙条件和受力条件。这些对大江截流围堰来说，是一举数得的工程措施。

（3）变换航道，确保航运畅通。工程实施过程中三峡工程大江截流不得断航和碍航。确保航运畅通是高质量截流的重要标志之一。导流明渠通航前，要维护大江主河道通航，为此专门进行了水力学计算及水工模型试验和自航船模试验。控制非龙口段戗堤进占束窄口门宽度，拟定平抛垫底分区抛投施工方案和度汛高程，以满足通航要求。实践表明，三峡工程大江截流施工期，包括1997年汛期，长江航道船舶在主河道中顺利航行，未发生任何碍航现象。

1997年5月导流明渠分流存在渠底淤积较多、分流比偏低等问题。水文测验单位及时连续测报淤积情况，科研单位及时进行跟踪试验，预报航道状况，设计单位综合分析提出束水冲淤建议，施工单位调拨挖泥船日夜疏浚，10月6日导流明渠正式通航，10月16日起，加速大江截流戗堤进占，导流明渠分流量持续加大，渠内淤积明显减少，保证了导流明渠航道通畅。龙口合龙时间的选定也充分考虑了通航因素，导流明渠设计通航流量为20000m^3/s。11月上旬施工设计流量标准21900m^3/s，8月会有秋汛，1996年11月曾发生过26800m^3/s的超常洪水。若过早合龙，当长江流量超过20000m^3/s时，明渠有可能出现碍、停航现象。故预留40m宽的小龙口分流。结合其他因素综合分析论证，截流领导小组确定1997年11月8日为龙口合龙时间。

（4）采用高新技术，提供科学依据。为合理安排截流施工进度、选择截流时机，及时掌握截流过程中戗堤束窄口门和导流明渠的水文要素（水位、流量、流速、流态等）、水下断面形态以及冲淤变化等情况，为截流设计和施工提供科学依据，专门设置了截流期水文气象预报和水文观测工作网站，采用了一系列测报新技术。如采用无人立尺观测技术，解决了龙口水位观测的难题；采用世界上新型的声学多普勒流速剖面仪（ADCP），同时配置全球卫星定位系统（GPS），实现主河槽、龙口、明渠等多河段、多断面、多要素连续同步监测；采用无人测艇技术，配置世界上新型的“哨兵型”ADCP和研制的微机测流系统，成功地实现连续搜索、监测口门区的流速变化和水舌位置等。有关观测成果，采用无线数传与计算机联网，实现水文数据远传，及时地为三峡工程大江截流设计及施工提供可靠的科学依据。在长江科学院宜昌前坪试验场整体水工模型开展了跟踪和预报试验。模拟动态变化的边界条件，对截流进占和合龙过程中，口门水力学指标、导流明渠分流条件及施工通航水流条件等进行测试和演示，预报并分析可能发生的影响。在跟踪预报试验期间还采用大江截流三维模型，仿真模拟并演示截流进展的动态。数学模型与物理模型成果互相验证，使测报数据更加可靠。

（5）信息跟踪，动态决策。三峡工程大江截流实践表明，将水力学计算和水工模型试验、原型水力学观测紧密结合，互为补充，使截流设计符合实际，并有效地指导施工。

初步设计计划导流明渠1997年10月正式分流，11月通航。龙口合龙时段拟定在12月上旬。技术设计阶段，考虑导流明渠工程施工进度已有较大提前，初步安排导流明渠提前于5月分流，9月通航，截流时段提前至11月下旬。在招标设计阶段，经过计算分析和水工模型试验验证，将截流时段再提前至11月中旬，相应截流设计流量为19400～14000m^3/s，按后者作施工准备可相机提前至11月上旬截流。施工阶段，经对非龙口段进占程序和口门水力学指标的计算和试验验证，自10月中旬起可将口门束窄210m，10月下旬可形成龙口宽度130m。据水文预报10月下旬流量在12000m^3/s以上，处于合龙有利时段。决定提前于10月26日开始合龙逼江水入明渠冲淤。10月27日6时束窄至龙口宽40m后停止合龙。最后于11月8日历时6.5h，一举完成龙口合龙，截流合龙时间比初步设计提前一个月。

（6）力克施工技术难关，强化施工组织管理。三峡工程大江截流施工是一项庞大的系统工程，必须有完善的施工组织设计，各阶段设计报告皆编制了施工组织设计。招标设计及招标文件进一步予以细化，对施工进度、施工布置、施工程序和作业方法、填筑材料、主要施工设备等均有具体规定。大江截流承建单位在投标文件及施工组织设计中，对截流工程的实施，做了更精细科学的安排，落实到每台设备、每个班组、每个参建人员。

实施三峡工程大江截流前，成立了由工程建设各方参加的领导小组为大江截流最高协调决策机构。施工单位建立了管理高效的截流指挥部。截流实施中以降低深水截流难度和实现高强度填筑为重点，着力进行了施工技术攻关：①控制堤头坍塌：针对堤头坍塌难点，在设计研究的基础上，进一步与高等院校合作研究其成因，在截流施工中，随时作出坍塌预报，优化堤头进占线路，采用推土机赶料抛投等综合措施，有效地防止堤头坍塌。②高强度抛填：10月14—15日，在截流龙口形成前进行了进占实战演习，按两岸戗堤同步进占、下游左岸尾随进占的方案投入运输设备264台，挖装设置52台，经24h高强度抛投创截流日抛投强度19.4万m^3的世界纪录，全面检验了施工组织管理和人员、设备的实际施工能力，同时也积累了高强度抛填可减免堤头坍塌的经验。③平抛垫底施工技术：通过实船抛投试验和初期实践，确立了行之有效的作业程序和方式，水下垫底成型良好，抛投材料分层粗化得到控制，与此同时，还将上游戗堤龙口段平抛垫底在原高程40.00m的基础上加高抛至高程45.00m以上，更利于龙口快速、安全合龙。

5.3 长江三峡工程导流明渠截流

三峡工程三期土石围堰堰体及截流戗堤抛投材料主要由风化砂、反滤料、石渣、石渣混合料和块石组成，上下游围堰填筑工程量分别为 154.59 万 m^3、169.94 万 m^3，其中上下游截流戗堤分别为 42.17 万 m^3、46.88 万 m^3。三峡工程导流明渠截流，采用双戗双向立堵截流方式，上游双向进占，下游单向右岸进占，上下游戗堤各承担 2/3 和 1/3 落差，设计截流合龙时段选在 2002 年 11 月下半月（实施为 2002 年 11 月 6 日），截流设计流量为 10300m^3/s，相应截流总落差为 4.11m，计算最大平均流速达 5～6m/s。上、下游截流龙口宽分别为 150m 和 125m，上、下游龙口部位均设置垫底加糙拦石坎。

5.3.1 截流特点及难点

（1）工程规模大，工期紧。三峡工程导流明渠截流与三期土石围堰填筑总量 324.53 万 m^3，高压旋喷墙防渗墙 2.01 万 m^2。从导流明渠封堵截流到土石围堰具备挡水条件，基坑抽水，仅一个多月时间，上、下游围堰防渗施工也仅一个月工期，工期非常紧张。

（2）合龙工程量大，强度高。施工组织设计要求三峡工程导流明渠截流合龙时段最大日抛投强度 11.46 万 m^3（上游戗堤 5.44 万 m^3、下游戗堤 6.02 万 m^3，含流失量），高于葛洲坝工程大江截流。

（3）截流水力学指标高，难度大。导流明渠截流最大落差达 4.11m（截流流量 10300m^3/s 时），龙口最大垂线平均流速为：上戗 6.58m/s，下戗 5.55m/s。截流水力学指标高于三峡工程二期截流，也高于葛洲坝工程大江截流。与国内外同类截流工程相比，三峡工程右岸导流明渠为人工河道，基面平整光滑，不利于抛投材料稳定。

（4）上下戗协调配合要求高。双戗立堵截流，上游双向进占，下游单向右岸进占，上下游戗堤各承担 2/3 和 1/3 落差，上下戗协调配合至关重要。

（5）截流准备工作受通航条件制约。尤其是垫底加糙拦石坎的钢架石笼和合金钢网石兜施工对通航干扰较大。

综合三峡工程导流明渠截流流量大、落差大、水深大、流速高等特点，根据世界上已进行的高难度截流工程来分析，其综合难度是世界截流工程中罕见的。

5.3.2 截流设计及技术研究

（1）截流时段及截流设计流量选择。三峡工程导流明渠截流时段选择主要考虑三期围堰施工工期和二期上、下游围堰水下拆除及导流底孔具备分流的时间等因素。经分析宜昌水文站 1877 年以来的实测水文资料，为尽量减小三期碾压混凝土围堰施工风险，导流明渠截流时段选在 11 月下半月，截流设计流量 9010～10300m^3/s。具体截流龙口合龙时间，根据施工实际进展情况、水文气象条件和上游来水流量情况相机确定，争取提前截流。

（2）截流期分流条件。三峡工程导流明渠截流分流建筑物为大坝泄洪坝段导流底孔。导流底孔共 22 孔，跨缝布置在表孔的正下方，底孔出口尺寸 6m×8.5m，中间 16 个孔进口底高程 56.00m，两侧各 3 个孔进口底高程 57.00m。经计算分析及模型验证，大坝泄洪坝段相对应的二期上游围堰拆除宽度 550m，拆除至高程 57.00m；二期下游围堰拆除宽度由纵向围堰至左厂坝导墙（约 550m），拆除至高程 53.00m。

（3）截流方案选择。针对三峡工程导流明渠截流特点，研究了单戗堤立堵截流、双戗堤立堵截流、平堵截流、平堵与立堵结合截流等方案。经综合分析比较后，采用上、下游戗堤同时进占即双戗堤立堵截流方案。

（4）龙口底部加糙。三峡工程导流明渠截流采用双戗堤立堵截流方式，上游龙口部位为混凝土护底结构，下游龙口部位为开挖平整的弱风化基岩面，表面均较为光滑，不利于截流抛投材料稳定。截流模型试验表明，在上、下游龙口部位设置加糙拦石坎对提高抛投块体稳定性效果明显，可以大大减少合龙抛投材料的流失量。因此，在上、下游戗堤龙口段下游侧均设置了加糙拦石坎。上游戗堤加糙拦石坎顺水流向宽度 15m，沿戗堤轴线长 132.5m，拦石坎顶部高程 52.5m（坎高 2.5m），采用外形尺寸为 2.5m×2.5m×2.5m（长×宽×高）的钢架石笼（单个重 23.5t）成形。下游戗堤加糙拦石坎顺水流向宽度 15m，沿戗堤轴线长 90m，拦石坎顶部高程 48.00m（坎高 3m），均处在围堰设计断面范围内。为保证加糙拦石坎抗冲稳定性，并便于下游围堰后期拆除，下游截流戗堤采用底部抛投合金钢网石兜（单个重 10t）成形。加糙拦石坎均处在围堰设计断面范围内。

5.3.3 截流施工准备

（1）截流备料。2002 年 8 月 9 日开始截流备料，截至 10 月 10 日，上游围堰完成石渣料、石渣混合料、风化砂、特大块石备料，备料量分别为 19.4 万 m^3、49.6 万 m^3、2.7 万 m^3、0.91 万 m^3，加上前期备料，上游备料总量达到 245.13 万 m^3，与水下填筑设计工程量 133.04 万 m^3 比较，实际备料系数达到 1.84。

下游围堰备料总量 188.6 万 m^3，与水下填筑设计工程量 131 万 m^3 比较，实际备料系数达到 1.44。

同时，为能有效地加大大块体抛投强度，将下游 5 号、6 号料场 1400 块四面体转运 1044 块至上游 7 号备料场，并浇筑 52 块比重达 3.25t/m^3 的 30t 四面体。

（2）道路码头布置。上、下游料场布置环形通道，取料工作面布置避免相互干扰。上、下游截流大道于 9 月 16 日开始施工，10 月 8 日完工，路面宽 33～35m，满足截流运输车辆四车道通行要求。用于上游左侧截流基地及左堤头施工车辆、人员过渡的临时码头于 9 月初形成并投入运行，共投入 1 艘汽渡船和 1 艘登陆艇，满足施工要求，并保证了截流期间水文及其水情、水下地形测量船舶的停靠。

为满足上游围堰双向进占要求，将混凝土纵向围堰上纵头部由高程 83.50m 爆破拆除至高程 72.00m。9 月 14 日爆破试验成功，9 月 25 日正式爆破，爆破效果良好，保留体完整，爆破残渣约 1.5 万 m^3 基本未落入江中，并作为截流左侧戗堤非龙口段进占用料。

（3）上下游加糙拦石坎及平抛垫底施工。上游钢架石笼拦石坎施工于 2002 年 10 月 6 日布设定位船并正式抛投，10 月 16 日完成 346 个石笼抛投任务。下游合金钢网石兜拦石坎施工于 9 月 15 日开底驳船进行网石兜抛投试验，实测漂距 2m（相应来流量 10900m^3/s）。9 月 20 日正式抛投，9 月 29 日完成了沿设计轴线长度范围内的抛投，共 37 船次，约 4000m^3。10 月 6—14 日进行补抛，从水下地形测量结果看，预定区域拦石坎高度已基本达到设计要求。前后共抛投钢网石兜 6514m^3（设计 6000m^3）。

为补充上游左侧截流基地备料不足，拟用二期下游围堰拆除料 6 万 m^3 对上游左侧非龙口段进行平抛垫底。实施中由于右侧非龙口进占比预期提前，在 10 月 16 日完成上游拦石坎施工后，口门流速已达 3m/s，平抛船难以上行、定位，仅在 10 月 17—22 日进行 6d 平抛作业，实际平抛量约 3 万 m^3。考虑提前到 11 月上旬截流的困难和风险，将原用于下游堤头防冲的 1.2 万 m^3 钢网石兜改为在下游进行平抛垫底施工。从 10 月 26—29 日，用两条开底驳、两台港吊紧急进行平抛施工，4d 完成了 0.8 万 m^3（2630 个）的钢网石兜平抛量。通过平抛后下龙口段全线底高程从高程 45.00m 垫高到高程 50.00m 左右。

（4）截流设备选型及布置。为保证截流抛投强度，上下游围堰共准备各类土石方设备 399 台（套），上游 206 台（套）（其中自卸汽车 155 台、装载容量 5673m^3）；下游 193 台套（其中自卸汽车 140 台、装载容量 4840m^3）。

1）设备选型。

A. 为满足截流高强度施工的要求，在设备选型上优先选用大容量、高效率、机动性好的设备。

B. 充分利用工程现场现有的大型设备。

C. 挖装：主要选用 4～9.6m^3 的挖掘设备及 9.6m^3 以上的装载机。特大石、大石选用 1.8m^3 反铲挖装，钢架石笼、合金钢网石兜、混凝土四面体选用 16t、50t 的汽车吊或电吊吊装。

D. 运输：主要选用 45～85t 的大型载重自卸汽车，上游左岸截流基地则因场地限制，采用 20～32t 的自卸汽车。钢架石笼、混凝土四面体采用 32t、77t 的自卸汽车。

E. 推运：主要选用大马力的推土机。

2）设备布置。

A. 考虑左岸截流基地范围小，设备布置困难，优先选用效率高的挖掘设备。

B. 右岸料场范围广，供电方便，以 WK－4 型电铲为主，并辅以液压挖掘设备。

C. 每个堤头配备 2 台大马力的推土机，以满足高强度要求。

D. 77～85t 自卸汽车主要用于装特大石、大石，石渣采用 20～77t 自卸汽车。

E. 左岸上游截流基地设备转运采用轮渡船。

5.3.4 截流施工

1. 截流施工程序

（1）2002 年 9 月 20 日后，在确保通航的前提下，进行上、下游垫底加糙施工，实际于 10 月 16 日完成。

（2）10 月 16 日在上、下游围堰截流进占道路跨堰体段施工完毕后，上、下游戗堤非龙口段按设计宽度进行第二、三阶段填筑，形成上游龙口宽度 150m，下游龙口宽度 125m，再相机进行上下游龙口段施工。上、下游截流戗堤进占程序见图 5－8。

（3）截流戗堤开始进占填筑后堰体水下部分尾随截流戗堤进行抛填，并滞后于截流戗堤 30～40m。导流明渠截流后，为加快堰体填筑进度，尽早提供左岸防渗墙施工平台，上下游围堰堰体从左右岸双向进占抛填。

2. 非龙口段进占

三峡工程导流明渠截流在上下游分别于 10 月 10 日、8 日形成截流大道后，结合堰体

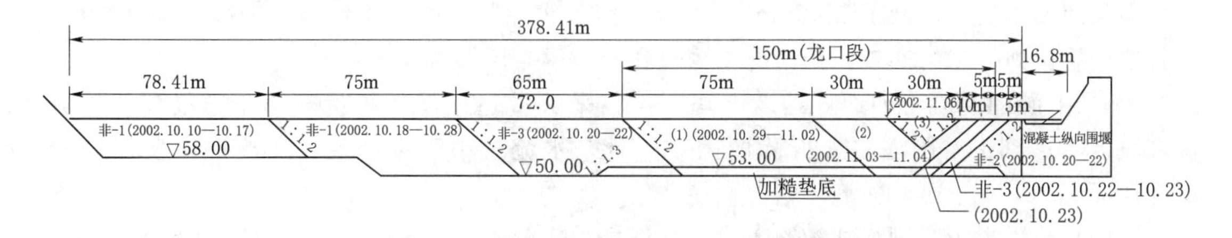

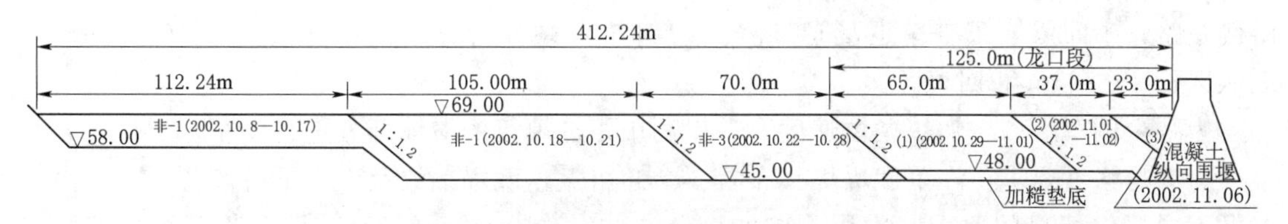

图 5-8　三峡工程三期导流明渠截流上下游截流戗堤进占程序

防渗设备安装平台施工，开始非龙口段进占。上游围堰 10 月 22 日，组织进行高强度进占演习，实测右侧单堤头抛投强度为 2400m³/h，左侧单堤头抛投强度为 900m³/h，基本满足龙口段施工要求。10 月 28 日形成 144m 龙口（设计龙口宽度 150m），非龙口段进占过程中，未出现堤头塌滑现象。

下游围堰 10 月 21 日，组织进行了高强度进占演习，实测堤头抛投强度为 1400m³/h。10 月 30 日形成 100m 龙口（设计龙口 125m）。非龙口段进占过程中，共出现 6 次堤头塌滑现象，上游侧 2 次、下游侧 4 次（其中 3 次为沿边线塌滑），塌滑长度 2～5m、宽度 1～3m（沿边线塌滑最长达 15m）。

3. 龙口段进占

（1）截流时机把握。根据 10 月上旬末及中旬长江上游来水较小，坝址流量为 11000m³/s 左右的情况，下游截流进占道路和上游截流进占道路跨堰体段先后于 10 月 8 日、10 月 10 日开始施工，并于 10 月 16 日完成。至 10 月底，坝址流量为 10000m³/s 左右，与设计截流流量相符，大大低于 10 月多年月平均流量 19800m³/s，且预报 11 月上旬来水较小，截流领导小组果断选择在 10 月 31 日开始龙口段进占，11 月 6 日顺利实现截流目标，为后续工程项目赢得了宝贵的时间。10 月 31 日至 11 月 6 日，坝址实测流量为 9050～7970m³/s，长江上游来水非常有利于截流，截流时机把握很好。

（2）提前截流新增措施。10 月 25 日截流领导小组宣布三峡工程导流明渠截流合龙时间根据水情情况尽量提前至 11 月上旬，相应截流流量为 11000m³/s，据此决定各项准备措施按 12000m³/s 截流流量准备。为此新增以下施工保证措施：

1）加工 30t 重、比重达 3.25t/m³ 的加铁混凝土四面体 52 个。作为龙口最困难段进占抛投备用手段。

2）截流戗堤龙口段顶宽增加 5m，达到 30m 宽，以提高进占强度，10 月 30 日全部加宽到位。

3）下游戗堤龙口段 100m（后改为 50m）宽范围平抛合金钢网石兜至 50.00m 高程以上。实际抛投 39 船次，约 0.8 万 m³，大部分部位达到高程 50m。

4）赶制 8m³ 钢筋石笼 8000 个，拟用于抛投到截流最困难段（由于来水流量小于水情中长期预报值，远低于 12000m^3/s 的预期值，实际制作中减少到 100 个)。实施中由于其他措施得力、水情亦较预期情况小，仅在上游困难段抛投 10 余个。

5) 下游的混凝土四面体约 380 块，拟在来流量超过设计流量时用于抛投到截流最难段。考虑到下游围堰将来拆除的困难，且来水流量小于设计值，实施中未使用混凝土四面体。

(3) 戗堤堤头车辆行驶线路布置。在戗堤堤头分成三路纵队，其中靠上游侧一路，下游侧一路，中间留一条空车退场道。堤头线路布置共分为三个区：抛投区长 10～20m，编队区长 20～25m 和回车区。

为减少倒车距离，加快抛填速度，右岸利用跟进填筑的堰体部分进行回车。

为满足强度要求，在单戗堤堤头布置 3 个卸料点，戗堤轴线及上、下游侧各 1 个。另根据不同部位填料的要求，采用不同的编队方式。一路 (85t、77t) 靠上游侧抛填四面体、特大石、大石，另一路 (77t、45t、32t) 在中间及靠下游侧抛填中小石、石渣。上游左岸考虑场地道路比较狭窄，使用 20t、32t 自卸汽车作为运输设备。

(4) 堤头抛投方式。主要采用全断面推进和凸出上挑角两种进占方式。

第一区段：上游口门宽度为 150～75m，下游口门宽度 125～60m，水深 16.8～17.12m。采用大石、中小石及石渣全断面进占，靠近束窄口门堤头 (上游 75m、下游 60m) 处位置采用大块石、大石抛投在迎水侧抗冲，石渣料与中石齐头并进。

为满足抛投强度，视堤头的稳定情况，部分采用自卸汽车直接抛填，部分采用堤头集料，推土机赶料方式抛投。

第二区段：上游口门宽度 70～30m，下游口门宽度 60～23m，水深为 17.12～14.72m。此区段为合龙最困难的区段。为形成三角堰采用凸出上游挑角的进占方法，在上游角与戗堤轴线 45°角集中抛大块石和 20t 四面体及特大块石串，抛投位置控制在戗堤轴线上游 5～12m，使上游角凸出 10m 左右，将水流自堤头前上游角挑出一部分，从而使堤头下游侧形成回流缓流区，再中小石及石渣料进占。

第三区段：上游口门宽度 30～0m，下游口门宽度 23～0m，水深为 14.72～0m。此区段水深逐渐变浅，有利于戗堤的稳定，为减少冲刷流失，继续采用凸出上挑角施工，用大块石从戗堤轴线上游侧进占，再将中小石及石渣抛填在戗堤轴线下游侧。在施工中，特大石或混凝土四面体、大石、中石以堤头集料为主，石渣以汽车直接抛投为主。

下游 5 号、6 号料场 1400 块 20t 四面体已转运 1044 块至上游 7 号备料场，并浇筑 52 块 30t 四面体 (3.15t/m^3) 备存于茅坪溪防护大坝迎水侧。需用时采用电吊或 50t 汽车吊直接吊装至 CAT777C 型自卸汽车上，运输至堤头卸料，必要时用大型推土机推至戗堤前沿。

(5) 上下游戗堤协调配合措施。为保证上下游戗堤进占合龙时配合进占，以便上下戗堤合理分担落差，根据有关科研院校上下游戗堤协调进占研究成果及长科院水工模型试验成果，制订了上下游戗堤协调配合措施。在配合措施中，明确了不同流量情况下上下游戗堤协调进占的长度及强度，10300m^3/s 截流流量时要求配合情况见表 5-6。表 5-6 中工程量已考虑了上下游戗堤龙口段均加宽至 30m，并计入 20%流失量，每天工作时间按 20h 计。上下游需按此强度配置足够的挖运设备，并做好堤头抛投组织。

表 5-6　三峡工程导流明渠截流上下游戗堤龙口段配合进占长度及强度表（10300m³/s）

时间	部位	上游戗堤					下游戗堤				
		进占长度/m	龙口宽度/m	工程量/万m³	小时强度/(m³/h)	小时进占长度/(m/h)	进占长度/m	龙口宽度/m	工程量/万m³	小时强度/(m³/h)	小时进占长度/(m/h)
预进占	右岸	35.0	150→112.5	5.14	2571	1.75	28.4	125→96.6	4.73	2364	1.42
	左岸	2.5		0.36	182	0.13					
合龙第1天	右岸	40.0	112.5→70	5.89	2944	2.00	36.6	96.0→60.0	6.10	3049	1.83
	左岸	2.5		0.36	182	0.13					
合龙第2天	右岸	30.0	70→30	4.18	2088	1.50	37.0	60.0→23	5.86	2931	1.85
	左岸	10.0		0.79	396	0.50					
合龙第3天	右岸	30.0	30→0	1.30	648	1.50	23.0	23.0→0	1.21	606	1.15
	左岸	0.0		0.00	0	0.00					
小计	右岸	135.0		16.5							
	左岸	15.0		1.51							
合计	左右岸	150.0		18.02			125.0		17.90		

为实现双戗配合进占，合理分担落差的目标，在进占过程中加强监测，及时将上、下戗堤的进占情况报告给截流指挥部。根据截流的不同阶段，要求上戗堤口门宽度150～70m段、下戗堤125～60m段，每2h报告1次进占进尺、口门宽度、龙口水力学参数等，在上戗堤口门宽度70～30m、下戗堤60～23m段，每1h1次。实施过程中视进占情况，按截流指挥部要求，可再适当加密监测，并在截流指挥部统一协调指挥下，调整配合进占，以确保上、下游戗堤分别承担2/3和1/3的落差。

由于上下游龙口口门合龙到一定程度后，上、下游落差分配对口门宽度变化十分敏感，因此，要求在上游龙口宽度70m以前，下游进占相应的误差控制在5m以内，在上游龙口宽度达到70m以后，下游进占配合误差控制在2m以内。

4. 堰体填筑跟进施工

上游围堰高程72.00m及下游围堰高程69.00m以下，堰体采用抛填法施工，20～85t自卸汽车运输，戗堤合龙前从右岸端进抛填，推土机平料压实；为尽早提供右岸防渗墙施工平台，截流戗堤合龙后，采用左右岸双向进占抛填施工，左岸抛填料从右岸料场取料，经截流戗堤向左岸运输至抛填部位。

各种填筑料区均在地面上按堰体设计断面定出测量标志，按测量标志控制填筑，不得超欠或混填。各类填料分别设专职人员负责施工。

围堰填筑堰面高程始终保持高于水面1.0m以上。

5. 截流合龙

三峡工程导流明渠截流在上下游分别于2002年10月10日、8日形成截流大道后，开始非龙口段进占。上游围堰10月22日，组织进行高强度进占演习，10月28日形成144m龙口（设计龙口宽度150m）。下游围堰10月21日，组织进行了高强度进占演习，10月30日形成100m龙口（设计龙口125m）。

从10月31日8：00开始，上、下游戗堤分别从144m、100m口门同时开始高强度、不间断进占施工，上下戗堤统一协调进占，至11月5日形成上游20m、下游18m的小龙口。采用特大块石、混凝土四面体等进行了堤头防护。11月6日9：10，随着截流合龙一声令下，上下游戗堤三个堤头及跟进堰体同时启动进占填筑，上游戗堤在38min内安全合龙，下游戗堤亦在随后7min内合龙，导流明渠截流成功合龙。

龙口段进占过程中，大块石、混凝土四面体、钢筋石笼等特种抛投材料用于最困难段，形成上挑角，有效减少了堤头坍塌及抛投材料的流失。龙口段上戗堤堤头坍塌仅7次（左堤头6次，右堤头仅1次），下戗堤12次（大型坍塌7次），远低于大江截流中大型坍塌达40多次的情况。

龙口段进占中，每1h测报1次流速和落差，每2h测报1次底孔分流比和水面口门宽，施工中根据以上信息及时调整抛投物料种类、比例和上下游抛投强度。由于实际来水量低于设计截流流量，加上明渠截流的分流建筑物左岸泄洪坝段设置的22个导流底孔的分流比在各个阶段均达到或超过设计分流比（在形成上游20m小龙口时，底孔分流比已达98%以上），为了降低了上游戗堤进占的综合难度，实施中下游围堰超前填筑，在其可承担的范围内尽可能多地分担落差，并在上游戗堤最困难段承担主要落差。从10月31日8：00开始高强度进占到11月2日15：00（此时上下游戗堤均已基本形成三角堰，渡过了最困难段），下游承担落差均比上游大，其中11月2日8：00—10：00，下戗堤承担落差达到1.12m，相应上戗堤承担落差为0.54～0.60m）。在上游龙口宽度进占到140m之前，主要由上戗承担截流落差；进占到140m与50m之间时，由上、下戗共同承担落；进占到50m以后，主要由上戗承担截流落差。导流明渠截流上下游戗堤龙口段配合情况见表5-7。

表5-7　　三峡工程导流明渠截流上下游戗堤龙口段配合情况表

日期	时间	流量/(m^3/s)	龙口水表流速/(m/s)		落差/m			口门宽/m	
			上游	下游	上游	下游	合计	上游	下游
10月31日	8：00	9050						137.0	96.0
	16：00	8820	3.20	3.99	0.47	0.54	1.02	121.1	83.1
	24：00	8430	3.17	5.24	0.40	0.59	1.13	104.8	68.5
11月1日	8：00	8750	3.24	4.60	0.53	0.67	1.17	92.2	58.5
	16：00	8280	3.21	4.45	0.50	0.82	1.36	81.8	50.7
	24：00	8100	3.43	4.30	0.58	0.93	1.52	68.0	41.1
11月2日	8：00	7970	3.40	5.10	0.54	1.12	1.68	55.7	32.5
	16：00	8450	3.80	3.77	1.08	0.75	1.88	47.6	29.4
	18：00	8000	4.97	3.63	1.38	0.51	1.93	38.0	29.4
	24：00	8000	3.70	2.80	1.73	0.28	2.05	30.5	29.7
11月3日	8：00	8129	3.70	2.90	1.66	0.29	1.95	29.4	29.7
	16：00	8250	3.94	2.28	1.69	0.27	1.96	29.6	29.7
	24：00	8100						29.9	29.7
11月4日	8：00	8000	3.42	2.04	1.08	0.25	1.94	29.9	29.7

5.3.5 截流实施进度及技术指标

2002年9月28日，开始下游截流进占道路施工，10月8日开始跨堰体段填筑，10月16日完成；9月30日开始上游截流进占道路施工，10月10日开始跨堰体段填筑，10月16日完成。

2002年10月17日，开始上下游土石围堰截流戗堤及围堰跟进填筑施工，至10月28日上下游非龙口段施工完毕；10月31日，上下游龙口段开始施工，11月6日上午上下游戗堤合龙。

2002年11月11日，上游围堰水下填筑全部完成，11月13日下游围堰水下填筑全部完成。

导流明渠截流特征数据见表5-8，龙口段戗堤及堰体抛投强度见表5-9。表5-8、表5-9中抛投强度为实际断面填筑强度。

表5-8　三峡工程导流明渠截流特征数据表

结构特征数据	部位	围堰轴线	堰顶高程	总填筑方量	截流戗堤方量
	上游	442m	83.00m	156万m^3	42万m^3
	下游	448m	81.50m	170万m^3	46万m^3
施工特征数据	类型	小时最大强度	日最大强度	最大堤头卸车密度	
	单堤头	3000m^3/h	4.8万m^3/d	2.03车/min	
	戗堤（三堤头）	6100m^3/h	9.4万m^3/d		
	围堰	9100m^3/h	15.4万m^3/d		
水情特征数据	截流流量		10300～8600m^3/s		
	最大流速（水表）	上戗	6.00m/s		
		下戗	5.13m/s		
	上戗承担最大落差		1.73m		
	下戗承担最大落差		1.12m		
	截流终落差		2.26m		

表5-9　三峡工程导流明渠截流龙口段戗堤及堰体抛投强度表

班次	上游围堰							下游围堰			
	戗堤						堰体	戗堤			堰体
	进尺/m		口门宽/m	抛投量/m^3			抛投量/m^3	进尺/m	口门宽/m	抛投量/m^3	抛投量/m^3
	右	左		右	左	班产					
龙口段开始形象	222.33	20.1	137.0	179500	9400		277800	316.2	96.0	299200	366300
10月31日 8：00—16：00	17.3	−1.4	121.1	17937		17937	5127	12.9	83.1	15325	11278
10月31日 16：00—24：00	15.6	0.7	104.8	16174	739	16913	8307	14.6	68.5	17598	11011
11月1日 0：00—8：00	12.5	0.1	92.2	13680	106	13786	7662	10.0	58.5	12650	15941

续表

班次	上游围堰							下游围堰			
	戗堤						堰体	戗堤			堰体
	进尺/m		口门宽/m	抛投量/m^3			抛投量/m^3	进尺/m	口门宽/m	抛投量/m^3	抛投量/m^3
	右	左		右	左	班产					
11月1日 8：00—16：00	10.4	1.0	80.8	11981	1152	13133	9936	7.8	50.7	9867	9685
11月1日 16：00—24：00	11.3	1.5	68.0	13018	1728	14746	11534	9.6	41.1	12144	5440
11月2日 0：00—8：00	12.3	0	55.7	14170		14170	10294	8.6	32.5	10879	9412
11月2日 8：00—16：00	9.3	−1.2	47.6	10714		10714	7124	3.1	29.4	4433	3084
11月2日 16：00—24：00	12.9	3.4	31.3	11071	3917	14988	10949	−0.31	29.7		11908
11月3日 0：00—8：00	−0.2		31.5	3825		3825	17598		29.7		14393
11月3日 8：00—16：00	1.6		29.9	4200		4200	6970		29.7		11318
合计	103.0	4.1		116770	7642	124412	95501	66.29		82896	103470

5.3.6 截流主要经验

三峡工程导流明渠截流在国内首次成功实现了从设计到施工的双戗堤配合截流，真正实现了科学化、信息化截流。其成功表明我国水利水电工程在双戗堤截流试验研究、理论分析、截流施工控制技术等方面处于国际领先水平。三峡工程导流明渠截流主要经验有：

（1）双戗堤截流协调进占。目前世界上真正实现双戗立堵截流的成功案例不多，主要原因是其水力控制条件要求高，双戗堤进占配合进占难度大。三峡工程导流明渠截流采用双戗立堵截流方案，上游双向进占（以右岸进占为主），下游单向从右岸进占，计划按上游戗堤承担 2/3 落差，下游戗堤承担 1/3 落差控制上、下游口门进占宽度。由于上下游戗堤距离达千余米，要实现共同分担落差必须经过周密的计算、实时控制、精确推进。尤其是在快要形成三角口的时候，上下游戗堤进占推进的敏感性非常高，如果计算不准、配合不好将使单戗堤的水力学指标恶化，造成单戗堤承担过大单宽能量，不能实现真正意义上的双戗截流，对确保截流成功十分不利。

（2）垫底加糙拦石坎施工。龙口设置拦石坎能有效减少抛投材料的流失和降低龙口合龙过程中大粒径石料的用量。导流明渠截流进占前需进行水下垫底加糙拦石坎施工，上游抛投钢架石笼，下游抛投合金钢网石兜。为了保证施工质量，发挥拦石坎作用，钢架石笼和合金钢网石兜必须准确定点抛投。

（3）堤头填筑技术措施与安全进占。截流施工水深达 22～24m，水流速度在 4m/s 以上，抛石的漂流十分严重，堤头也特别容易发生塌滑。因此施工时候要保证安全进占，堤头填筑的体型设计、分层布置、设备作业布置特别重要，抛投方式、抛投强度、抛投材料

种类、运输规划等等均需要科学策划、精心组织。需在借鉴过去截流成功经验的基础上，采取各种措施进行堤头防护。为了确保安全施工，避免发生大规模的塌滑，造成设备落水或陷困事故，特别是在塌滑多发段，正确地判断抛投料的稳定性十分重要，包含对坡比变化、流态变化的判断等。

（4）系统化施工组织与管理。提供导流明渠截流和围堰填筑施工的料场共有 18 个，分布在导流明渠左、右侧，需要根据工程进展对各料场料源的调用做好规划。规划既要满足导流明渠截流进占强度与抛投材料种类和规格的要求，且应留有余地；又要满足土石围堰填筑的施工进度要求，确保各种填料的高强度持续填筑；同时要达到运输距离最短、耗用时间最少的目的。导流明渠截流进占前，必须备足所需的各种填料，保证填料质量，合理确定备料系数，这涉及截流施工的成败、工程质量和工程造价。为保证截流高强度施工的要求，满足大石、钢筋石笼、混凝土四面体等填料装载、运输、抛投，在设备选型上应优先选用大容量、高效率、机动性好的设备。为适应高强度连续施工的要求，以及保证按期截流并及时提供防渗墙施工部位，在上、下游戗堤非龙口段进占过程中，选择适当时机，根据截流高峰强度模拟组织截流抛投演习，以检查机械设备、运输车辆、道路通行能力、交通指挥、通信联络、施工组织、现场指挥、戗堤进占速度和安全保障措施等能否适应高强度施工要求。

（5）施工信息化系统集成。对于导流明渠截流和三期围堰复杂的施工系统，要实现进占有序，步调协调，精准控制，必须采用现代信息化的手段。通过把现场上下游围堰和料场的几十个空间分布单元的参数进行集成，把复杂而严格的进占逻辑进行集成，把各种来流工况和进占程序的计算结果进行集成，并由集成的信息检测与采集系统、信息传输系统、逻辑计算系统、辅助决策系统、指令调度系统综合进行监控，才能实现对整个围堰填筑特别是截流进占进行精准控制。

5.4 金沙江溪洛渡水电站工程截流

溪洛渡水电站位于金沙江下游云南省永善县与四川省雷波县相接壤的溪洛渡峡谷，是一座以发电为主，兼有防洪、拦沙和改善下游航运条件等巨大综合效益的工程。工程枢纽由拦河大坝、泄洪建筑物、引水发电建筑物及导流建筑物组成。拦河坝为混凝土双曲拱坝，坝顶高程 610.00m，最大坝高 278m，坝顶中心线弧长 681.57m；左右两岸布置地下厂房，各安装 9 台单机容量 700MW 水轮发电机组，总装机容量为 12600MW，为当时国内第二大水电站。

金沙江溪洛渡水电站地属中亚热带亚湿润气候。厂坝区山高河窄，气候的垂直差异显著，高程自下而上年平均气温为 19.7～12.2℃。年降水量为 54.3～832.7mm，1d 最大降水量为 74.2～130.4mm。5—10 月为雨季，占年降水量的 88.4%～83.7%。金沙江流域洪水主要由暴雨形成。

溪洛渡水电站采用导流洞方式分流，导流隧洞分别布置在左、右岸，共 6 条导流隧洞，左岸依次为 1 号、2 号、3 号导流洞，右岸依次为 4 号、5 号、6 号导流洞，导流洞采用城门洞型，过水断面 18.0m×20.0m，参与截流分流的为 1～5 号导流洞。

5.4.1 截流特点及难点

溪洛渡水电站工程大江截流是我国在长江干流上继葛洲坝工程、三峡工程后的第三次大江截流，具有截流流量大、水深大、龙口水力学指标高、截流规模大、抛投强度高、截流施工道路布置困难等特点，截流综合难度居世界前列。

（1）截流流量大、水深大、龙口水力学指标高。溪洛渡水电站工程大江截流标准为11月上旬10年一遇旬平均流量，相应设计流量为5160m³/s，截流水深20.82m，截流落差2.29m，最大流速5.414m，龙口水力学指标高。

（2）截流规模大、抛投强度高。截流采用"双向进占、单戗立堵"的截流方式，设计抛投强度达到1836m³/h，经截流水力学计算和截流模型试验验证，其截流难度与三峡工程和伊泰普水电站等工程相比，难度相当。

（3）截流施工道路布置困难。相对于溪洛渡水电站工程的交通条件，设计抛投强度达到1836m³/h，特别是右岸进占有两条运输线路要经过临时索道桥，其通过能力和保证率均不高，两岸需设置适当规格和数量的备料场。

5.4.2 截流设计

（1）截流方式。溪洛渡水电站工程截流如采用平堵方式具有水力指标低、抛投强度较低的优点，但坝址区无现成的跨金沙江大桥可用，如果架设专门的截流栈桥，不仅施工难度大，而且代价太高，相比而言采用立堵截流虽然水力学指标高，要求的抛投强度高，但施工方法简单、施工准备工程量小且费用较低。综合考虑截流交通布置，截流抛投强度及施工组织等因素后，采用了单戗堤、双向进占、立堵截流方式。截流进占在上游围堰戗堤上进行，下游围堰戗堤在截流完成后及时跟进。

（2）截流时段及截流标准确定。溪洛渡水电站工程截流时段和截流流量的确定充分考虑了截流难度及后续围堰施工进度的要求。根据金沙江水文资料，溪洛渡水电站10月为主汛期的退水期，10—12月来水流量逐渐减少，至12月下旬来水流量最低，其枯水时段分旬流量见表5-10，如仅按来水流量考虑宜在12月下旬截流，但由于溪洛渡水电站工程上游围堰高度达78.0m，堰体填筑工程量大，防渗墙等基础处理工程量大且难度大，为给围堰施工留出更多时间，降低围堰填筑强度，并确保围堰2008年能安全度汛，经综合分析比较确定11月上旬实施截流，并选择截流标准为11月上旬10年一遇旬平均流量，相应设计流量为5160m³/s。

表5-10　　溪洛渡水电站工程枯水时段分旬流量　　单位：m³/s

时段	10月			11月			12月		
	上旬	中旬	下旬	上旬	中旬	下旬	上旬	中旬	下旬
$P=10\%$	11600	10100	7600	5160	4090	3370	2910	2470	2210
$P=20\%$	9890	8200	6210	4850	3760	3130	2750	2380	2120

（3）截流戗堤及龙口设计。溪洛渡水电站工程上游围堰堰体采用碎石土斜心墙，基础混凝土防渗墙布置在围堰轴线上游105m处。为了尽早形成基础防渗墙施工平台，同时为避免截流抛投块石进入防渗轴线制约防渗体施工，将戗堤轴线布置在围堰轴线上游

17.50m 处。

截流流量为 $5160m^3/s$ 时，模型试验表明截流合龙后上游水位为 382.10m，水力学计算截流闭气后上游水位约 383.29m，为确保截流施工安全，截流设计方案采用水力学计算出的上游水位 383.29m 作为龙口合龙水位，并考虑 1.2m 安全超高确定戗堤顶高程为 384.50m。施工中考虑满足 3 辆以上汽车（32t 自卸汽车）同时卸料，确定截流戗堤顶宽为 30m，上游边坡为 1∶1.3，堤端边坡为 1∶1.25，下游边坡为 1∶1.5。其截流戗堤布置剖面见图 5－9。

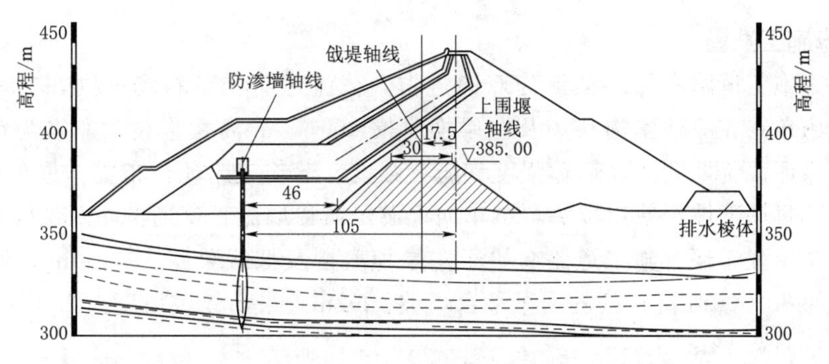

图 5－9　溪洛渡水电站工程截流戗堤布置剖面图（单位：m）

由于戗堤轴线处河谷深槽偏右岸，左岸较平缓、且有基岩裸露，故龙口布置于左岸，以避开深槽。同时截流备料场位于左岸上游豆沙溪沟口，龙口位置在左岸利于截流合龙。根据截流水力学计算成果、戗堤使用材料的抗冲能力、合龙抛投强度及道路交通布置，确定预留龙口宽 75.0m。

（4）截流备料。由于天然河床坡降大，因此工程水力学指标较高，需要引起高度重视，为应对截流时段内可能出现的超标准流量，施工中考虑按 $6500m^3/s$ 流量来准备截流抛投材料。

根据水力计算及水工模型试验结果，当来流为 $6500m^3/s$ 的情况下，截流戗堤对应高程需到 386.50m，以此推算截流戗堤备料理论工程量为 10.889 万 m^3。

根据工程施工条件及当地材料状况，选用石渣料及大块石作为截流抛投材料。针对坝址区玄武岩开挖料整体性较差，大、中块石料较少，主要以不大于 0.6m 石渣料为主的情况，在截流过程中准备部分混凝土四面体和钢筋石笼、块石串等代替特大石，并考虑部分备用量作为安全储备，截流阶段实际备料量为 21.4777 万 m^3。截流阶段实际备料量见表 5－11。

表 5－11　　溪洛渡水电站工程截流阶段实际备料量　　单位：m^3

物料名称＼备料场地	豆沙溪沟	溪洛渡沟	左岸坝肩	右岸坝肩	合计
特大石	11105	7298	0	0	18403
大石	55858	14081	0	0	69939
中石	28738	16879	0	0	45616
块串	0	0	300	0	300

续表

物料名称 \ 备料场地	豆沙溪沟	溪洛渡沟	左岸坝肩	右岸坝肩	合计
石渣	62148	11000	0	0	73148
钢筋笼	0	0	4632	2316	6948
四面块	0	0	160	262	422
合计	157849	49257	5092	2578	214777

5.4.3 截流施工准备

（1）截流施工道路布置。截流为双向进占，截流道路及备料场分别在左岸和右岸布置。左岸料场布置在豆沙溪沟料场及左岸坝肩槽 400.00m 高程平台。左岸为截流的主要抛投点，为保证截流期间的高运输强度和抛投强度，运输道路环行布置，重车由豆沙溪沟渣场和坝肩槽料场下坡至戗堤堤头，空车向上游经防渗墙施工交通洞至豆沙溪沟料场和坝肩槽料场。左岸截流环行施工道路起始于左岸坝肩槽及低线公路 400.00m 高程处，末端至左岸戗堤前 382.00m 高程处的回车平台，坡长 92m，最大纵坡坡度为 9.8%。道路为泥结石路面，路面宽 12m。

右岸截流料场布置在溪洛渡沟料场和坝肩槽及低线公路，右岸截流主道路及右低线公路为截流主要施工道路，截流戗堤预进占、龙口合龙所用物料均由此路运输。右岸截流道路主要由右岸低线公路拓宽改线而成，支线洞至坝肩槽段拓宽到 18m，另外右岸道路拓宽到 25～50m。道路坡比按不大于 13%控制，弯段坡度按不大于 5%控制。右岸戗堤回车平台布置在戗堤上游侧。

（2）截流主要施工设备配置。为满足截流抛投强度的要求，相应配备足够的装、挖、吊、运设备，并优先选用大容量、高效率、机动性好的设备。根据计算截流抛投强度为 $1836m^3/h$，为满足截流施工需要，实际投入使用的截流设备共计 32t、20t 自卸汽车 129 辆，推土机 10 台、4～$5.3m^3$ 挖装设备 25～50t 汽车吊 7 辆。

（3）水文气象测报及来流控制。为了避免在截流过程中出现超标准来水，造成截流难度加大甚至截流失败的后果，在截流前加强了对溪洛渡大坝控制流域的气象预报和水文观测报告工作，确保在来水流量比较小的情况下，顺利实施截流。

由于溪洛渡来水一半源自上游的雅砻江，通过流域协商，合理调度雅砻江二滩水电站水库，控制截流期间的下泄流量，进一步控制了溪洛渡水电站截流风险，并为溪洛渡水电站工程按期截流再上了一道保险。

5.4.4 截流施工

（1）截流施工程序。截流进占通过上游围堰戗堤上完成合龙，下游围堰戗堤在截流完成后及时跟进。上游围堰戗堤截流施工程序如下：左右岸岸坡清理→形成截流施工道路→右岸预进占→形成龙口→龙口裹头→龙口左右岸进占施工→合龙→戗堤闭气→形成防渗墙施工平台。

（2）截流预进占。2007 年 11 月 1 日配合导流洞围堰破除进行了龙口预进占施工，预进占从右岸推进，采用 3～$5m^3$ 挖掘机、装载机装渣，32t、25t 自卸汽车运输至戗堤端头，端进法卸料，推土机赶料，戗堤行车路线布置为五车道，堤头全面抛投。预进占实际进尺13.5m，预留龙口宽度61.5m。预进占至设计位置后，采用大块石作裹头保护，防止水位以下预进占戗堤被水流冲刷淘空。通过预进占抬高导流洞进口水位，提高导流洞的冲渣能力，增大导流洞的分流量，并为龙口合龙施工做了预演，为成功截流做好了准备。

(3) 截流龙口合龙。截流中主要采用钢筋石笼和块石凸出上挑角进占，下游采用石渣料推进，同时使用钢筋石笼在下游坡脚进行防护。为了有效控制流失，形成上挑角进占，在堤头上游侧与戗堤轴线成30°～45°角的方向，用大块石和钢筋石笼抛填形成一个防冲矶头，在防冲矶头下游侧形成回流区，中小石、石渣混合料尾随进占。根据流失情况，初期采用4～6个钢筋石笼连成一串，推土机推入河床，特大石及少量四面体单个直接抛投。进入最困难区段后，采取上下游同时、交叉挑角进占方法，抛投材料主要为钢筋石笼、大块石等特种材料，钢筋石笼采用12个一串，最多一次60个钢筋石笼连续串联，由大功率推土机推入河床，确保抛投稳定，中间采用大块石、块石及时跟进。当进占度过困难期后采用全断面推进的方法进占。

2007年11月7日8：45溪洛渡水电站大江截流在预进占的基础上开始龙口段的抛填施工。截流开始时来水流量为3500m³/s，导流洞分流量为1880m³/s，戗堤上游水位为379.85m，龙口最大流速为6.3m/s。截流过程中最大来水流量为3560m³/s，最大龙口流速为9.5m/s，最大落差4.5m，最大单宽功率2098kN/(m·s)，龙口最大抛投强度达到了2300m³/h。经过10个多小时的紧张施工，到19：00时龙口剩余宽度为16.35m，进占度过困难期。整个截流历时31h，至11月8日15：30龙口成功合龙，截流完成。

5.4.5 截流主要经验

(1) 采用综合技术措施，龙口抛投材料流失量少，进占高速。溪洛渡水电站工程截流施工中采取了“上游挑角、下游压脚，交叉挑角、中间推进”的综合技术措施，大规模采用“钢筋石笼群连续串联推进”，有效地解决了高水力学指标条件下的截流难题，减少了抛投流失量，进占迅速，包括截流仪式在内的龙口合龙时间仅用31h。

(2) 设置施工支洞形成环形截流道路，解决了高山峡谷地区截流施工高强度抛投瓶颈。针对现场施工交通条件的局限性，科学合理地设置了临时交通隧洞，形成环行交通通道，使重车行车路线和空车路线不交叉，大大提高了物料运输能力，提高了龙口抛投强度，确保了截流施工的高效率。截流设计最大抛投强度为1836m³/h. 实际最大强度达到2300m³/h，平均强度为1980m³/h。

(3) 系统周密的截流演练，施工组织高效、畅通。通过组织截流演练，及时发现并整改截流施工组织中存在的问题，使截流实施更顺利。

(4) 充分的截流准备，保证截流顺利实施。截流实施前，就截流施工技术方案、截流施工组织、截流备料、截流机械设备、截流所用道路和场地等相关各项工作做了充分的准备，整个截流过程顺利，为在深山峡谷河段开展截流施工积累了宝贵的经验。

5.5 雅砻江锦屏一级水电站工程截流

锦屏一级水电站位于四川省凉山彝族自治州木里县和盐源县交界处的雅砻江大河湾干

流河段上，是雅砻江下游从卡拉至河口河段水电规划梯级开发的龙头水库，距河口358km，距西昌市直线距离约75km。

雅砻江流域地处青藏高原东侧边缘地带，属川西高原气候区，主要受高空西风环流和西南季风影响，坝址区干湿季分明。每年11月至次年4月为旱季，5—10月为雨季，降雨集中，降雨量约占全年雨量的90%～95%。电站地处山区，径流的主要来源为降雨，次为地下水。径流每年12月至次年5月主要由地下水补给，6—11月主要由降雨补给。

水电站上游围堰为土石围堰（3级建筑物），位于大坝上游约250m处，围堰挡水标准为30年一遇。围堰堰顶高程为1691.50m，最大堰高64.5m，围堰顶宽10m，最大底宽312m，长约186m；迎水面坡度为1：2.5，背水面坡度为1：1.75；防渗土工膜坡比为1：2.5，最大防渗高度44m。上游围堰截流时间为2006年11月下旬，此时为流域的旱季，江水面宽约80m，水深6～8m。

5.5.1 截流特点及难点

（1）截流戗堤水位落差大、流速高。堰址天然河道宽80～120m，河床坡降大，水深6～8m，覆盖层厚25～30m，10年一遇11月下旬截流流量为814m³/s，模型试验戗堤未闭气时的截流落差为5.23m，戗堤头部最大平均流速为8.44m/s，龙口中最大垂线平均流速为5.92m/s。

（2）截流场地狭窄，布置难度大。河床两岸山势陡峭，施工道路布置困难，现场只有右岸一条交通洞通往戗堤，截流只能采取单戗立堵单向进占，致使抛投强度受到限制，进占难度高，安全风险大。

5.5.2 截流设计

（1）截流方式。采用单戗立堵，从右向左单向进占的截流方式。

（2）截流戗堤布置。根据已形成的截流平台高程，将右岸进占戗堤顶高程定为1648.50m。随着戗堤的推进，堤头流速、上下游落差等参数加大，堤头垮塌的可能性增大，施工过程中适当降低了戗堤顶高。根据截流模型试验成果，11月下旬10年一遇流量为814m³/s，合龙时相应上游水位高程为1645.54m（按2m埂高试验），安全超高按1.5m控制，左岸戗堤顶高程定为1647.00m。戗堤顶面长100m，堤顶坡度为1.5%，梯形断面，上下游坡由进占抛投料自然形成，戗堤顶宽25m。截流戗堤断面形式见图5-10。

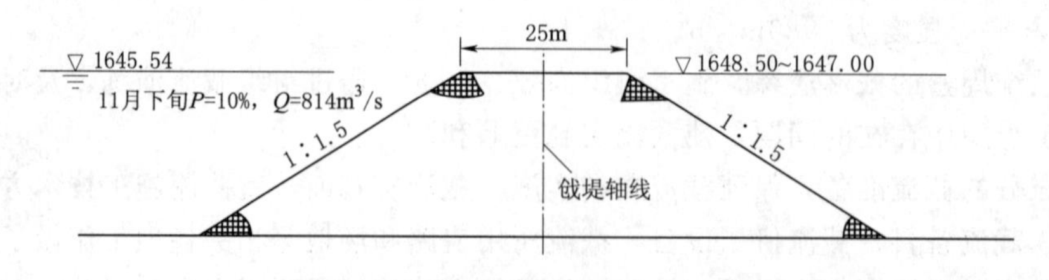

图5-10　截流戗堤断面形式示意图

（3）截流分区规划。锦屏一级水电站工程截流模型试验成果表明，在采用双导流洞导流，两个导流洞进口均存在2m高残埂前提下，截流合龙时，戗堤未闭气，截流落差为5.23m，戗堤头部最大垂线平均流速为8.44m/s，龙口中最大垂线平均流速为5.92m/s，

以大、中、小石为主，特大石为辅可顺利实现龙口合龙。龙口 40m→0m 共用抛投料 $24840m^3$，其中小、中、大、特大石分别为 $10091m^3$、$7016m^3$、$3979m^3$ 和 $1022m^3$，龙口段合龙抛投流失量为 $2321m^3$，占龙口段合龙抛投总量的 11%。

锦屏一级水电站工程上游围堰戗堤长 100m。根据截流试验成果，非龙口段进占长度以 52～57m，龙口预留宽度以 45～40m 为宜。据此确定截流分预进占区和龙口区两部分进行。其中预进占区宽 60m，龙口区宽 40m（龙口Ⅰ区 30m、截流龙口 10m）。截流戗堤进占及分区情况见图 5-11。

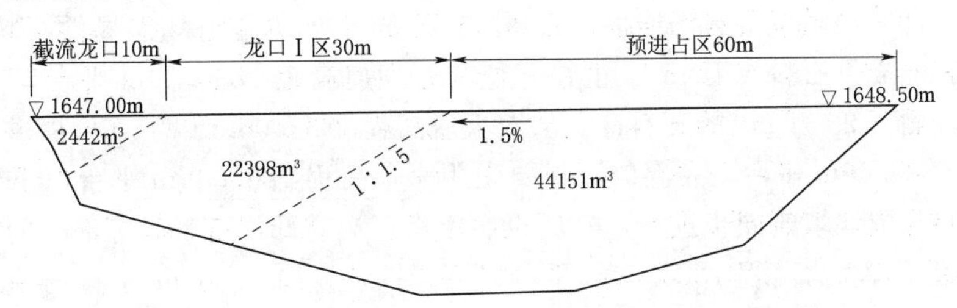

图 5-11　锦屏一级水电站工程截流戗堤进占及分区示意图

(4) 截流备料规划。截流主要备料为石渣料、石料、石串、钢筋石笼等，且需在围堰截流前完成。参照已建工程的截流资料，预进占段区备料系数取 1.2，龙口区备料系数取 1.5，截流戗堤所需抛投材料数量见表 5-12；大石、特大石、钢筋石笼和混凝土四面体等材料备料系数取 1.5。

表 5-12　　锦屏一级水电站工程截流所需抛投材料数量分解表

区　段	口门宽度/m	进占长度/m	抛投材料总量/m^3							合计/m^3
			石渣<0.4m	中石 0.4～0.6m	大石 0.6～1m	特大石>1m	钢筋石笼	块石串	混凝土四面体	
预进占段区	100～40	60	44151							44151
龙口Ⅰ区	40～10	30	7573	5516	2940	977	450	400		17856
龙口Ⅱ区	10～0	10	1312	500	225	45	50	100	10	2442
合计		100	53036	6016	3165	1022	500	500	10	64249

5.5.3　截流施工

(1) 设备选型与设备布置。肖厂沟高低位备料场为截流主备料场，挖装强度高，布置 $4m^3$ 和 $6m^3$ 正铲各 1 台、$2m^3$ 反铲 3 台、$1m^3$ 反铲 1 台、SD22 型推土机 2 台、35t 汽车吊 1 台。低位料场石渣料采用 $4m^3$ 正铲和 $6m^3$ 正铲挖装，推土机平料，20t 大型载重自卸汽车运输；石料采用 $2m^3$ 反铲选料，石串料由 35t 吊车吊取；高位料场由 2 台 $2m^3$ 反铲、1 台 $1m^3$ 反铲取料，SD22 型推土机平料，20t 自卸汽车运输。

堤头部位布置 TY320 型推土机 2 台、SD22 型推土机 1 台、装载机 1 台、16t 汽车吊 1 台。TY320 型推土机负责渣料推运，SD22 型推土机负责戗堤上下游侧跟进填筑平料，16t 吊车负责钢筋石笼吊装。普斯罗沟河床部位布置 $2m^3$ 反铲 2 台，用于取河床料，20t 自卸汽车运输。

(2) 截流备料。石渣料和过渡料采用锦屏一级水电站工程前期道路洞室开挖料和右坝肩开挖料，洞室开挖料主要备存在肖厂沟高低位备料场。为获得足够的大中石料源，在右岸坝肩1885.00m高程以上开挖过程中，调整爆破参数，提高了大、中石获得率以满足截流需要。大、中石采用反铲从开挖料中选取备料，大石备料量为4748m^3，中石备料量为7219m^3，加工大石串500m^3，钢筋石笼500m^3，并在上游主要施工道路两侧备料。钢筋石笼长宽高为1.2m×1m×1m，主筋ϕ22mm、副筋ϕ16mm；大石串采用每3～4块联为一体，ϕ28mm钢索串联。围堰填筑前，填筑石料总量不足，主要截流材料中石的缺口较大。截流时，肖厂沟高位备料场能提供石料35万m^3，低位备料场能提供石料15万m^3，普斯罗沟河床能提供石料6万m^3，正在开挖的右坝肩高程1885.00m平台以上备存了石料20万m^3，剩下20万m^3的石料计划从右坝肩高程1885.00m以下部位提供，因此要求右坝肩高程1885.00m平台上备存的石料要先用完，高程1885.00m平台以下约20万m^3的石料开挖要与围堰填筑同步进行，然后再启用肖厂沟高低位备料场等部位的石料。施工时，实际使用了右坝肩高程1885.00m平台以下开挖石料约25万m^3，料场备用的石料基本用完，大石、特大石、大石串和钢筋石笼全部用完，较好地实现了土石方平衡，降低了施工成本。

(3) 预进占段施工。大江截流预进占采用自卸汽车运输，推土机配合施工，大部分抛投料直接抛入江中，深水区进占采用堤头集料，推土机赶料。进占采用石渣料端进法，全断面抛投施工。进占过程中，发现堤头抛投材料有流失现象，遂在堤头进占前沿的上游脚抛投大、中石压脚，收效甚微。在投入备好的部分大石串后，在大石串的保护下石渣抛填在戗堤轴线的下游侧，流失现象明显减少。进占过程中，戗堤顶部采用级配较好的石渣料铺筑并平整压实，派专人养护路面，确保龙口合龙过程中大型车辆畅通无阻。戗堤预进占的同时，在戗堤后面，上游侧碎石土填筑跟进，石渣料护面，下游侧石渣料填筑跟进。

(4) 龙口段施工。利用预进占时形成的施工平台作为编队候车场地，堤头分设抛投区、编队区和回车区三个区，确保截流施工紧张有序。单戗堤堤头布置4个卸料点，戗堤上、下游侧各2个。根据不同部位填料的要求，靠上游侧主要抛特大石（钢筋石笼或石串）、大石，主要布置装特大石（钢筋石笼或石串）、大石的车辆；中间及靠下游侧抛填中小石、石渣，布置装中小石和石渣的车辆。堤头抛投采用凸出上挑角方式进占，将大石料自堤头前上游角抛入水中，挑出一部分，使堤头下侧形成回流缓流区，再抛投中小石及石渣料进占。在截流龙口区，大石不能满足抛投稳定要求时，遂采用大石串、钢筋石笼或混凝土四面体代替大石。

经过充分的前期准备，2006年12月4日锦屏一级水电站工程顺利实现大江截流。截流施工过程紧张而有序，2000多m^3的截流石料在2h内填筑完成，实现龙口合龙。

5.5.4 截流主要经验

锦屏一级水电站工程加强现场管理协调、充分利用有利条件的截流成功经验，值得同类工程借鉴。

(1) 戗堤非龙口段进占抛投材料一般用石渣料全断面抛投施工，进占过程中，如发现堤头抛投材料有流失现象，则采用凸出上游挑角施工。

(2) 在进占过程中，抛投材料出水面后，及时采用石渣加高，戗堤顶用级配较好的石渣料进行铺筑施工，顶高程按高出水面1m控制，并安排专人养护路面，确保截流施工道路满足大型车辆阴雨天畅通无阻的要求。

(3) 龙口合龙采用上游戗堤单向进占，控制戗堤顶面高出水面1m左右。抛投进占过程中，根据堤头边坡稳定情况，自卸汽车将块石及石渣尽量直接抛入水中，同时，对卸在堤头前沿上的块石及大石串用推土机推入水中。

(4) 加强对戗堤上的施工机械及工作人员统一指挥。为防止堤头坍塌危及汽车及施工人员的安全，在堤头前沿设置明显标志，并配备专职安全员巡视堤头边坡变化，观察堤头前沿有无裂缝出现，发现异常情况及时处理。

(5) 龙口合龙抛投强度大，抛投材料多，对抛投同一种材料的汽车需作相同的标记并分队编号，以便于指挥。

(6) 防止堤头坍塌与安全进占的有效方法

1) 在条件允许的情况下，尽量采取全断面整体推进，在采取上挑角进占时，一方面要尽量减少挑出的长度；另一方面要注意跟进补抛。

2) 采用自卸汽车直接抛填时，控制大型自卸汽车距堤头不少于2m，采用堤头集料，推土机赶料回填时，自卸汽车距堤头前沿边线8m卸料。戗堤侧边2.5m为安全警戒距离，此范围内不允许停放任何机械设备，堤头指挥人员也不允许在此范围内滞留。

3) 在堤头、堤侧以及各危险部位分别设置安全警示牌，堤头指挥人员穿救生衣，现场准备救生圈，增派专职人员进行安全巡视。

4) 当堤头流速过大不能满足最困难的抛投进占要求时，采用多块石串和钢筋笼串抛投的处理措施。

5.6 大渡河瀑布沟水电站工程截流

瀑布沟水电站工程位于大渡河中游汉源与甘洛两县境内，是以发电为主，兼有防洪、拦砂等综合利用的大型水电工程。水电站装机容量3300MW。水电站枢纽由砾石土心墙堆石坝、地下厂房系统、开敞式溢洪道、泄洪洞及尼日河引水工程等组成。挡水建筑物为砾石土心墙堆石坝，最大坝高为186m。大渡河在坝址处由南北流向急转近东流向，平面上呈L形。上游围堰布置于转弯段，此段附近坡陡流急，河床断面呈较宽缓的不对称V形，河床部位覆盖层约60m，具有强透水性。工程采用立堵截流方式实施河床截流。

5.6.1 截流特点及难点

(1) 截流落差大、流速大。大渡河天然河床坡降大，水流湍急，11月中旬截流流量1000m^3/s，模型试验戗堤落差达5.69m，最大流速8.61m/s，属大落差、高流速截流。

(2) 戗堤龙口护底难度大。坝址处河床覆盖层厚度一般40～60m，截流动床模型试验中，戗堤下游最大冲坑深度5.41m。由于河床狭窄，水流流速大，无法进行戗堤龙口护底施工。

(3) 安全问题较为突出。截流场地较为狭窄、截流料源分散、设备要求较多，给施工安全带来较为突出影响。

5.6.2 截流设计

（1）截流规划。通过模型试验以及水力学参数计算，结合现场施工条件，确定了截流戗堤采用单戗立堵、双向进占的截流方式。受场地狭窄、车辆多、干扰大等不利因素的影响，截流施工时，主要考虑设备运行运输方便、因地制宜、经济实用的原则，进行截流施工总体规划与布置。

左右岸戗堤下游侧设30m×20m（长×宽）作业平台，作为截流车辆和推土机停放、错车以及指挥人员工作场地。截流施工道路布置遵循合理、快捷、经济、干扰小等原则，按照左右岸进占情况单独规划布置。左岸截流道路宽8～10m，局部偏窄且弯道多，最大坡比小于8%；右岸截流道路宽度15m，最大坡比小于10%。

（2）截流时段和截流流量。截流试验研究以11月中旬截流作为基本研究条件。截流流量标准采用11月中旬10年一遇旬平均流量1000m^3/s，非龙口段预进占流量标准采用11月上旬10年一遇旬平均流量1340m^3/s，预进占戗堤裹头保护流量标准采用11月（11月6—30日）20年一遇最大流量1490m^3/s。

（3）截流戗堤布置。

1）戗堤顶高程及宽度。11月中旬流量1000m^3/s截流时，根据模型试验截流戗堤合龙后，戗堤上游水位为682.36m，考虑波浪爬高及安全超高，戗堤顶高程定为684.00m。戗堤顶面长度103m，戗堤断面为梯形，上下游坡由进占抛投料自然形成。戗堤顶宽定为25m，施工时可满足4～5辆20～32t自卸汽车同时抛投进占。

2）戗堤位置。在模型试验中，发现截流戗堤距导流洞进口约90m时，进入上围堰防渗墙施工部位的抛投材料流失料极少，大石和中石更少，同时导流洞进口水流流态也没有明显变化，有利于戗堤迎水面填筑细料防渗。因此，截流戗堤轴线最终定在距导流洞进口约90m处。

3）龙口位置及龙口宽度。截流戗堤轴线全长约103m，戗堤位置无适合最终合龙的浅薄覆盖层地段。综合考虑截流戗堤备料两岸均衡和右岸截流戗堤地势开阔等因素，选定的龙口位置位于河床偏左岸，以利两岸同时进占，均衡抛投。截流戗堤龙口划分为4个区段（见图5-12）。

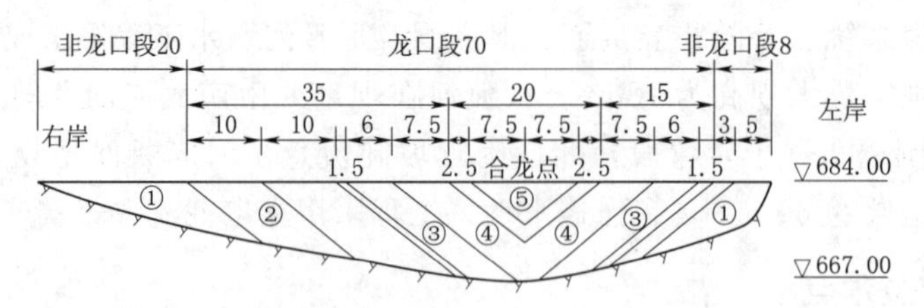

图5-12 瀑布沟工程截流戗堤区段划分（单位：m）

注：①～⑤表示截流回填先后次序。

（4）截流备料。抛投材料总用量约45570m^3。其中小石（0.2～0.4m）22870m^3，占50.2%；中石（0.4～0.7m）10960m^3，占24.1%；大石（0.7～1.0m）7590m^3，占16.6%；特大石（1.0～1.3m）4150m^3，占9.1%。抛投材料粒径的选择根据模型试验计算结果，参考水工模型补充试验成果，并借鉴其他工程实践经验得出。针对大渡河瀑布沟水电站工程的截流特点，为了保证截流快速、高效、有序、稳妥地进行，截流备料应准备充足。龙口困难段（50～20m段）备料系数取2.2，龙口20～0m段取2.0，龙口70～50m段取1.5，非龙口段（98～70m段）备料系数取1.3。综合备料总量以模型试验计算的抛投量的1.9倍计，总的材料备用量分别为小石40000m³，中石22000m³，大石17000m³，特大石9000m³，合计88000m³（另预制混凝土四面体200块，制备大块石串2000m³，钢筋石笼500m³）。

5.6.3 截流施工

（1）施工程序。截流进占采取双向进占。对非龙口段预进占，左岸进占8m，右岸进占20m，形成70m宽龙口；对龙口段进占，右岸单向进占20m形成50m宽龙口，50～0m进占区段左、右堤头进占长度按1∶1控制。

（2）非龙口段预进占。戗堤进占施工前，首先按设计坐标现场测量放样，将截流戗堤轴线及边线、顶高程、顶宽在现场用彩旗做好标志。

11月上中旬开始非龙口段预进占，形成70m宽龙口，填筑设计抛投总量7400m³。戗堤预进占采取两岸同时进占。左岸进占8m，右岸进占20m，形成宽70m截流龙口。此时龙口流量970m³/s，龙口中流速3.93m/s，落差为0.41m。主要施工措施为：①填筑料采用自卸汽车运输，全断面端进法抛填，推土机配合施工。深水区域采取堤头集料、推土机推料抛投。②进占过程中，如发现堤头抛投料有流失现象，则在堤头进占前沿的上游角先抛投一部分大石、中石，在其保护下，再将石渣抛填在戗堤下游侧。③必要时采取抛填特大石、大石。特大石、大石运输至堤头卸料，再用大型推土机推至堤头前沿抛投。④组织专门人员及设备养护截流道路路面、平整场地，确保截流车辆畅通无阻。

（3）龙口段进占。11月12—16日实施主河床截流，设计抛投总量38170m³。

1）戗堤堤头车辆行驶布置。在戗堤堤头分成三路纵队，其中靠上游侧一路，靠下游侧一路，中间留一条空车退场道。堤头线路布置共分为三个区：长10～20m抛投区，长20～25m队区和回车区。为减少倒车距离，加快抛填速度，在左、右岸利用跟进填筑的戗堤部位进行回车。为满足抛投强度要求，在戗堤堤头布置2个卸料点，戗堤轴线上、下游侧各1个。另根据不同部位填料的要求，采用不同的编队方式。一路（32t）靠上游1区抛填特大石、大石，另一路（15～32t）在中间及靠下游的2区抛填中石、石渣。为确保堤头车辆安全，汽车轮缘距戗堤边缘不小于2.5m，并安排专人布置标志、堤头警戒和观察堤头冲刷情况。不同材料车队分别配以不同颜色、数码标志，堤头指挥人员以相应颜色的旗帜分区段按要求指挥编队和卸料。

2）堤头抛投方式。主要采用凸出上挑角的进占方式。对70～50m进占段只右堤头单向进占20m。右堤头小石全断面进占10m后，上挑角采用中石突前进占，其他部位小石进占。形成50m龙口时，龙口流量933m³/s，戗堤最大落差1.52m，堤头最大流速6.44m/s，龙口中流速5.43m/s。对50～35m进占段左、右堤头各进占7.5m。此区段开始（龙口宽50m）时，左右堤头均采用中石挑角配合小石进占1.5m后，上挑角改用大石配合中石进占6m，轴线以下用中石或小石滞后2m进占。当左右堤头进占7.5m，形成35m龙口时，采用特大块石和大块石串于上挑角保护堤头，此时，龙口流量610m³/s，左右堤头最大流速均为8.20m/s，龙口中流速为7.03m/s，戗堤最大落差3.85m。对35～20m进占段左、右堤头各进占7.5m。左右堤头均采用少量特大块石配合大石突前进占。

抛投材料一部分于堤头坡面累积，一部分随水流滚动，于戗堤下坡脚处的堆积料表面及上游停留。上挑角进占比较缓慢，但龙口堆积体在不断向上游延伸，龙口底部也在不断抬升。此时加大进占抛投强度，以减小抛投材料的流失量。戗堤轴线以下进占抛投材料以小石为主，少量大石、中石配合进占。进占至28m时，戗堤轴线处龙口已形成三角形断面。在戗堤轴线处加大特大块石及大块石串的抛投量，以便保证更多的抛投材料稳定在龙口戗堤范围内，减少流失量。形成20m龙口时，龙口流量200m^3/s，戗堤落差5.26m。左、右堤头最大流速均为8.77m/s，龙口中流速7.03m/s。对20～15m进占段，左、右堤头先采用特大石挑角大石配合进占2.5m，轴线以下采用小石配合进占，形成15m宽龙口，此时最大落差5.41m。

3）龙口段合龙。龙口合龙段主要指截流戗堤15～0m段的填筑。在15～0m进占段，龙口抛投材料露出水面，采用少量大石、以中石、小石为主进占直至合龙。戗堤合龙后，戗堤上游左端头存在大片顺时针方向的回流区，采用大块石串防护。同时为避免因渗流量过大造成戗堤下游侧坍塌，在戗堤迎水面适当抛填石渣料，铺填厚度3m。

大渡河瀑布沟水电站工程截流施工于2005年11月21日正式实施，实际截流流量920～880m^3/s，仅用5h即突破龙口截流困难段，使截流龙口缩窄至水面宽度仅10.3m。整个截流合龙过程中，龙口最大落差4.92m、最大流速8.1m/s。

5.6.4 截流主要经验

（1）戗堤非龙口段进占抛投采用中小粒径料全断面抛投施工。进占过程中，一旦发现堤头抛投材料有流失现象，则在堤头进占前沿的上游挑角先抛投一部分大中块石。在其保护下，使堤头水流在下游侧形成回流缓流区，再将中小石抛填在戗堤轴线的下游侧和上游侧。

（2）在进占过程中，抛投材料出水面后，及时采用石渣加高，戗堤顶用碎石进行铺筑施工，并安排专人养护路面，确保截流施工道路满足大型车辆阴雨天畅通无阻的要求。

（3）龙口合龙采用单戗双向立堵进占。控制戗堤顶面高出水面1m左右。抛投进占过程中，视堤头边坡稳定情况，自卸汽车将大石尽量直接抛入水中。同时，对卸在堤头前沿上的四面体、特大石、大石，用大马力推土机推入水中。每个堤头配备2台推土机（其中1台大马力推土机）。

（4）截流前，所有投入的各种大型机械设备（自卸汽车、挖掘机、装载机、推土机、吊车等）全部进行检修、保养，以保证设备的性能完好。操作人员经过培训后持证上岗。

（5）戗堤上的施工机械及工作人员实施统一调度指挥。为防止堤头坍塌危及汽车及施工人员的安全，在堤头前沿设置一道石渣埂，并配备专职安全员巡视堤头边坡变化，观察堤头前沿有无裂缝出现，发现异常情况及时处理以防患于未然。

（6）抛投过程中，自卸汽车后轮至堤头前沿距离通过进占抛投斜坡稳定试验确定。

（7）对抛投同一种材料的汽车均标贴相同标记，并分队编号，以便于指挥。同一个车队的车辆均应装运指定料场的抛投材料。

5.7 雅砻江桐子林水电站工程三期截流

桐子林水电站位于四川省攀枝花市盐边县境内的雅砻江干流上，是雅砻江干流下游梯级最末一级水电站，水电站由河床式发电厂房、泄洪闸及挡水坝等建筑物组成，电站总装机为600MW，坝顶总长440.43m，最大坝高69.5m。桐子林水电站以发电任务为主，水库正常蓄水位为1015.00m，总库容0.912亿m^3，水库具有日调节性能。工程属Ⅱ等大（2）型工程，永久性主要建筑物按2级建筑物设计，次要建筑物按3级设计。

桐子林水电站主体工程分二段三期进行施工、右岸明渠导流方式。其中一期工程由一期纵向围堰挡水，通过束窄的左河道过流（汛期右岸明渠基坑也需过流），二期工程由二期围堰挡水，通过右岸导流明渠过流，三期工程由三期围堰挡水，通过河床四孔泄洪闸过流。三期截流戗堤布置在明渠进口处，采用从右岸单向进占的立堵截流方式。

5.7.1 截流特点及难点

（1）采用截流流量650m^3/s，根据模型试验及水力学计算，龙口最大流速约为7.48m/s，龙口单宽功率最大达164.33（t·m）/（s·m），龙口最大单宽流量为24.70m^3/（s·m），截流最终总落差为9.26m，水力学指标非常高，截流难度非常大。

（2）三期截流基本上是在导流明渠内截流，导流明渠过水面相对较窄、水流深，流速大，特别是导流明渠底板为混凝土面，糙率很小，容易造成抛投料流失，增加了截流戗堤抛投材料的用量。

（3）截流块石料严重缺乏，经现场复勘及分析，现场堆存大于30cm的块石料基本没有。块石料外购量和混凝土预制块预制量大，且备料场地有限，备料任务艰巨。

（4）主要进占道路需经右岸桐雅公路至戗堤堤头，右岸桐雅公路车流量较大；且桐雅公路明渠上游段临河边坡陡，道路布置较困难，修筑难度、工程量大。

5.7.2 截流设计

为使三期围堰有效利用截流抛投材料，截流戗堤宜布置在围堰堰体范围内，并尽可能使戗堤与堰体相结合布置以节省工程量。因此截流戗堤布置在导流明渠进口上游侧。戗堤轴线沿一期纵向围堰至导流明渠进口，戗堤总长180m，其中预进占130m，龙口段50m。

为改善龙口分流条件，在纵向导墙上设置分流孔。

为减少龙口抛投料流失率，降低龙口进占难度，对龙口段采取设置拦石栅方式进行护底加糙。拦石栅采用钢筋混凝土桩的结构型式，布置在龙口段戗堤轴线下游侧，共设置两排，钢筋混凝土桩间排距3.0m，呈梅花形布置，桩顶高程994.00m，底高程约967.00m，桩长约27.0m，入岩3.0m。为提高钢筋混凝土桩的整体性，对桩顶采用钢索进行两两互连，并锚固在左导墙上。施工完成后平台拆除至987.00m高程，龙口护底加糙施工在汛期前施工完成。

在整个戗堤填筑过程中，将戗堤顶高程分阶段控制。预进占开始阶段（龙口180～130m）戗堤顶高程为1002.00m，预进占（龙口130～50m）戗堤顶高程以5%坡度由1002.00m逐渐过渡至998.00m；龙口段（50～0m）戗堤顶高程设为998.00m。龙口合龙后再迅速将整个戗堤加高至1002.00m高程。

考虑最大抛投强度及现场条件，为满足3～4辆汽车同时卸料抛投，确定截流戗堤顶宽25m。按梯形断面设计，上游边坡为1∶1.5，堤端边坡为1∶1.5，下游边坡为1∶1.5，三期截流戗堤工程量见表5-13。

表 5-13　　桐子林水电站工程三期截流戗堤工程量表　　单位：万 m^3

戗堤轴线总长/m	预进占长/m	预进占（流量 2500～1016m^3/s）		龙口段（流量 830m^3/s）		合 计	
		设计	备料	设计	备料	设计	备料
180	130	16.13	22.58	2.17	3.04	18.30	25.62

注　备料系数按 1.4 计，戗堤加高工程量 2.84 万 m^3 未计入上表。

5.7.3　截流施工

（1）截流条件变化情况。在三期截流前夕进行安全鉴定时，考虑到各方面因素，决定封闭纵向导墙上分流孔，由此造成的截流分流量减少的问题需要协调上游二滩、漫湾水电站进行调控。

（2）截流预进占施工。桐子林水电站工程三期截流采用右岸预进占，预留龙口宽 50m。25t 自卸汽车运输至戗堤端头卸料，推土机推赶，堤头全面抛投。预进占至设计位置后，采用大块石串、预制混凝土块或钢筋石笼（串）作裹头保护，以防水位以下预进占戗堤不被水流冲刷淘空。

预进占主要利用二期上游围堰拆除渣场料及备料场块石料等直接上堰抛投。

（3）龙口施工。截流戗堤龙口段采用全断面推进和凸出上游挑角两种进占方式，堤头抛投采用直接抛投、集中推运抛投和卸料冲砸抛投 3 种方法相结合。根据进占方式不同，将截流戗堤龙口段分成 3 个区段进行抛填。

1）龙口段第Ⅰ区段抛投。

A. 抛投区段：戗堤口门宽度 50～35m，该区段是流速较大，水力指标高、抛投强度较高。采用不同截流流量时，这一区段最大流速为 6.23m/s，最小流速超过 4.93m/s。

B. 进占方式：为满足强度抛投强度，视堤头的稳定情况，采用堤头集料、推土机赶料的方式并结合自卸汽车直接抛填的方式抛投。

C. 进占方法：在容易坍塌的抛填区段采用堤头赶料的方式抛投，自卸汽车在堤头卸料，堤头集料量约 100m^3（3～5 车），由 CAT 大功率推土机配合赶料抛填。在流速增大后，在戗堤上游开始抛投大块石、混凝土四面体，在龙口形成防冲矶头，以减小流失和稳定龙口，然后用块石料和石渣料快速抛投跟进，并对戗堤下游坡脚用大块石和混凝土四面体进行防护。

2）龙口段第Ⅱ区段抛投。

A. 抛投区段：戗堤口门宽度 35～10m，该区段是龙口进占最困难段，流速最大，水力学指标高、抛投强度高。采用不同截流流量时，这一区段最大流速为 7.48m/s，最小流速超过 6.23m/s，截流合龙过程中的特种材料主要用于这个区段。

B. 进占方式：采用凸出上游挑角的方式施工，在堤头上游侧与戗堤轴线成 30°～45°角的方向，用预制混凝四面体和钢筋石笼串抛填形成一个防冲矶头，在防冲矶头下游侧形成回流，堤头下游采用预制混凝土四面体，联合大块石、钢筋石笼、中小石、石渣料尾随进占。此段视堤头的稳定情况，少部分采用自卸汽车直接抛填，大部分需要采用堤头集料、大功率推土机配合赶料的方式抛填。在此阶段应满足抛填强度，以加快进占速度、减小流失，实现顺利进占。

C. 进占方法：在戗堤上游部位采用上游挑角，用大块石、石渣料继续进占，配合在戗堤上游抛投预制四面体、大块石串及钢筋石笼，预制混凝土体采用25t/50t汽车吊吊装至25t自卸车运至现场。四面体每车装2个，钢筋石笼每车装5～6个；需连接成串的，在装车前预先串好钢丝绳，运送卸在堤头，由大功率推土机赶料，需更多连接成串的，在堤头卸2～3车后，用卡环连接好后，由推土机推入龙口。

3）龙口段第Ⅲ区段抛投。

A. 抛投区段：上游戗堤口门宽度10～0m，本区段内虽然水头最大，但水下的三角堰已逐渐变窄，水深也逐渐变浅，戗堤稳定性会逐渐好转，抛投难度也相应减小。

B. 进占方式：采用凸出上游挑角法施工，先用预制混凝土四面体及大块石串抛出一个防冲矶头，使戗堤下游侧形成回流，然后钢筋石笼石渣料、石渣混合料、中小石料尾随跟进。堤头视稳定情况，部分采用自卸汽车直接抛填，部分采用自卸汽车堤头集料、推土机赶料的方式抛填。

桐子林水电站工程三期截流于2014年11月1日开始，经过8天8夜高强度施工，于11月8日晚19点28分提前一周成功实现了截流。整个截流组织准备高效，技术准备科学，备料准备充足，现场指挥有力。在截流过程中把握住了预进占为重点，解决了龙口合龙的难点，特别是在截流龙口封堵过程中混凝土截石桩发挥了较好的效果，与此同时对上游水电站来水调控到位，截流过程中统一指挥协调顺畅，最终截流取得了圆满成功。

（4）戗堤闭气。在戗堤合龙后，结合上游围堰防渗结构布置，经比较研究，在明渠内上游围堰防渗轴线位置用风化料填筑至1002.00m高程形成施工平台，采用高压喷射灌浆进行防渗施工。

5.7.4 截流主要经验

桐子林水电站工程三期截流是同类型水电站工程截流中综合难度最大的，截流的成功实施为今后类似导流明渠截流提供了宝贵的经验。

（1）截流备料提前进行。此次截流难度大，所需截流特种料源匮乏，工程所在地料源有限，在施工过程中，从周边提前购置了大块石、特大块石等材料，同时提前在现场制作钢筋笼、混凝土六面体等特种材料，并做好料场规划，方便截流取料。

（2）场内交通循环专用。桐子林水电站工程所处位置特殊，截流存料场及截流现场场地狭窄，加之截流强度高，运输强度大，为此提前开展了现场循环道路规划，并与当地交通部门协调，截流期间封闭二滩公路以便截流专用。

（3）截流设备灵活调配。三期截流工程量大，水情信息变化快，截流用料种类多，施工强度大，指挥所需针对现场实际情况随时调整截流用料种类，因此，截流设备种类多、数量大，加之截流时间短，为此，充分利用和灵活调用工地及当地设备资源，在满足截流要求的前提下节约了成本。

（4）现场指挥靠前协调。由于桐子林水电站是雅砻江流域梯级开发最后一级，上游二滩水电站为西南电网调峰电站，二滩水电站泄流情况随时变化，截流过程中，现场指挥全天候与二滩水电站运行方面保持联系，根据新的水情及时做好现场人员、设备调配，并针对新的水情及时按照截流方案作出现场调整布署。

参 考 文 献

［1］ 全国水利水电施工技术信息网. 水利水电工程施工手册（第5卷 施工导（截）流与度汛工程). 北京：中国电力出版社，2005.
［2］ 郑守仁，等. 导截流及围堰工程（上、下册). 北京：中国水利水电出版社，2004.
［3］ 水利电力部水利水电建设总局. 水利水电工程施工组织设计手册（1 施工规划). 北京：中国水利水电出版社，1996.
［4］ 周厚贵. 三峡工程导流明渠截流施工技术研究. 北京：科学出版社，2007.
［5］ 中国长江三峡集团公司. 中国三峡（三峡导流明渠截流专刊)，2003.
［6］ 肖焕雄. 施工水力学. 北京：水利电力出版社，1992.
［7］ 王家柱. 葛洲坝工程丛书·导流与截流. 北京：水利电力出版社，1995.
［8］ 长江三峡大江截流工程编委会. 长江三峡大江截流工程. 北京：中国水利水电出版社，1999.
［9］ 刘大明，陈忠儒. 河道截流工程的进展与研究. 中国三峡建设，1997 (2)：26-27，45.
［10］ 湖北省水力发电工程学会. 湖北水电施工技术. 武汉：长江出版社，2016.
［11］ 张倩，罗伟. 截流工程风险模型分析研究. 中国农村水利水电，2008 (11)：72-74.
［12］ 李若东. 截流风险率模型中两种计算法分析. 青海大学学报（自然科学版)，2006 (1)：32-35.
［13］ 周锐. 施工导截流系统风险分析研究. 科技资讯，2012 (36)：43-44.
［14］ 周宜红，肖焕熊. 三峡工程大江截流风险决策研究. 武汉水利电力大学学报，1999 (1)：5-7.
［15］ 周厚贵. 深水截流堤头稳定性研究. 北京：科学出版社，2003.